Wencke Sabrina Schacht

Wellensittiche

So geht es deinen Tieren gut

Mit den wichtigsten **Dos** & **Don'ts**

AF640200

KOSMOS

Inhalt

Die Reihe mit den Dos & Don'ts

Do! *Don't*

→ **Auf einen Blick** Die Dos & Don'ts geben dir einen schnellen Überblick, um das Wesentliche auf den jeweiligen Seiten zu erfassen. Auch in den Umschlagklappen findest Du vorne alle wichtigen Dos und hinten alle Don'ts für deine Wellensittichhaltung.

Wissens-wertes

rund um Wellensittiche

Wellensittiche in der Wildnis

→ Wellensittiche faszinieren den Menschen seit Jahrhunderten. Aus der Heimtierhaltung sind die bunten Vögel nicht mehr wegzudenken. Fragt man jedoch nach, so weiß kaum einer, wie Wellis in der Wildnis leben.

Herkunft

Wellensittiche kommen aus Australien, dort besiedeln sie das Outback. Die kleinen Vögel sind perfekt an das Leben in der dürren Wüsten- und Steppenregion angepasst und ernähren sich in der kargen Vegetation hauptsächlich von Grassamen und Wildkräutern.

Nomaden der Lüfte Wellensittiche sind nicht territorial gebunden, sondern ziehen als Nomaden umher, immer auf der Suche nach Futter und Wasser. Dabei legen sie am Tag viele Kilometer zurück. Besonders aktiv zeigen sie sich in den Morgen- und Abendstunden. Wenn in Australien tagsüber hohe Temperaturen herrschen, ziehen sie sich auf Eukalyptusbäume zurück. Der für das Outback typische Baum hat für die Vögel aber noch eine andere wichtige Bedeutung: Er wird als Brutstätte genutzt.

Höhlenbrüter Wellensittiche sind Höhlenbrüter, sie brüten bei günstigen Bedingungen. Sobald der Regen einsetzt und es über einen längeren Zeitraum rund um die Bruthöhle Nahrung gibt, beginnt das Brutgeschäft. Da diese Vögel in überwiegend festen Partnerschaften leben, verlieren sie keine Zeit mit der Brautschau. Futter im Überfluss, die Balz mit dem Partner und die Arbeit an einer passenden Bruthöhle schütten beim Weibchen vermehrt Hormone aus, die die Fortpflanzungsorgane aktivieren.

Schwarmleben

Wellensittiche leben aber nicht nur mit ihrem Partner zusammen, sondern in einem Schwarm aus bis zu 50 Vögeln. In langen Dürreperioden schließen sich kleinere Schwärme zu gigantischen Ansammlungen von bis zu mehreren Tausend Tieren zusammen. Der Schwarm bietet ihnen Schutz vor Fressfeinden. Durch die Wellenzeichnung können Beutegreifer aus der Luft in einer riesigen Gruppe aus Flugkünstlern schwer ein Individuum ausmachen, um es gezielt anzugreifen. Das Schwarmleben hat aber noch eine andere Funktion: Es erlaubt enge Sozialkontakte. In der Heimtierhaltung lässt sich häufig beobachten, dass Wellensittiche neben dem Partner auch Freundschaften zu anderen Gruppenmitgliedern pflegen.

Perfekt getarnt

Wusstest du, dass Wellensittiche in der Natur nur grünes Gefieder mit schwarz-gelber Wellenzeichnung aufweisen? Diesen Farbschlag nennt man daher „Nominatform". Würde man von unten in einen Baum voller Wellensittiche schauen, so verschwänden sie mit ihren grünen Körpern optisch zwischen den Blättern.

< Wellensittiche rasten im australischen Outback auf einem Eukalyptusbaum.

∨ Schnell werden ein paar Schlucke getrunken, bevor sich die Wellis wieder in die Lüfte begeben.

Männliche Wellis beteiligen sich am Füttern ihrer Küken und versorgen die Weibchen während der Brut.

Was wir von wilden Wellensittichen lernen

- Wellensittiche müssen mindestens zu zweit gehalten werden.
- Wellensittiche brauchen viel Bewegung und ganztägigen Freiflug.
- Wellensittiche brauchen ein grassamenhaltiges Futter.
- Wellensittiche nur in Maßen mit Keim- und Frischfutter versorgen, um keine Brutigkeit auszulösen.
- Wellensittiche kann man in geschlechtergemischten Gruppen halten, sofern keine Brutmöglichkeiten angeboten werden.

Die Anatomie des Wellensittichs

Der Körperbau

Das Wissen um die Anatomie des Wellensittichs und die richtige Benennung der Körperteile ist für Vogelhalter von Vorteil. So kannst du nicht nur dem Tierarzt ein Problem schildern, sondern verstehst auch im Alltag viele Zusammenhänge besser, wenn du dich mit dem Körperbau deiner Tiere auskennst.

Das Gefieder

Bis auf Augen, Schnabel, Nasenhaut und Füße sind Wellensittiche komplett befiedert. Die Deck- oder Konturfedern bilden den typischen Körperumriss und bestimmen durch eingelagerte Pigmente die Farbe des Vogels. Am Körper liegen sie dachziegelartig übereinander und schützen das Tier vor Nässe, Kälte oder UV-Strahlung. An den Flügeln sind sie als sogenannte Schwungfedern unerlässlich für den Flug. Die Schwanz- und Steuerfedern sind bei Start und Landung richtungslenkend und daher für einen koordinierten und sicheren Flug vonnöten. Direkt am Körper unter den Deckfedern liegen die Daunen- oder Flaumfedern. Ihre Aufgabe ist es zu verhindern, dass die Körperwärme verloren geht.

Do!

Beobachte deine Wellensittiche täglich. An ihrem Gefieder lässt sich der Gesundheitszustand ablesen. Es sollte am Körper anliegen und sauber sein. Verklebte Federn um die Kloake herum weisen auf Durchfall hin, solche Federn im Kopf-, Brust- und Bauchbereich auf abnormales Würgen.

Die Augen

Das wichtigste Sinnesorgan eines Wellensittichs sind seine Augen. Bei gesunden Vögeln sind sie klar, die Augenlider geöffnet und sie haben einen aufmerksamen Blick. Die Welliaugen liegen seitlich am Kopf, sodass der Vogel in Kombination mit der Beweglichkeit des Kopfes eine 360°-Sicht hat (siehe S. 36).
Bei Wellensittichen beträgt die Zahl der wahrgenommenen Einzelbilder bis zu 180 Bilder pro Sekunde. Was für uns Menschen eine ruhige Lichtquelle ist, kann für unsere gefiederten Freunde ein flackerndes Inferno sein. Daher teste alle im Raum der Vögel befindlichen Lichtquellen (Vogel- sowie Zimmerlampen, Bildschirme, Fernseher, Router etc.). Am besten funktioniert es mit der Slow Motion-Funktion einer Smartphone-Kamera. Filmt man damit die Lichtquelle und hat ein ruhiges, flackerfreies Bild, so bedeutet dies ein störungsfreies Leuchtmittel für Wohnungsvögel. Flackert es, sollte die Lichtquelle zum Wohl der Vögel ausgetauscht werden.

Einen gesunden Wellensittich erkennt man an wachen Augen und an seinem glänzenden Gefieder.

Die Ohren

Die Ohren liegen als kleine, runde Öffnungen seitlich hinter den Augen. Die Hörempfindlichkeit ist bei Wellensittichen stark ausgeprägt. Sie liegt zwischen 40 Hertz (untere Grenze) und 20 000 Hertz (obere Grenze). Mit den Ohren ist der Vogel jedoch nicht nur in der Lage zu hören, sondern er steuert darüber auch sein Gleichgewicht sowohl im Flug als auch im Sitzen.

Der Schnabel

Wellensittiche haben wie fast alle Papageienvögel den charakteristisch gekrümmten Schnabel. Obwohl das Schnabelhorn sehr stabil zu sein scheint, ist es ein äußerst sensibles und größtenteils gut durchblutetes Körperteil. Bei gesunden Vögeln muss der Schnabel in der Regel nicht geschnitten werden, er nutzt sich an der vogelgerechten Einrichtung ab. Oberhalb des Schnabels liegt die Nase. Die Besonderheit ist seine Farbe. Bei Wellensittichen lässt sich nämlich anhand der Wachshaut das Geschlecht bestimmen.

Füße und Krallen

Wie bei Papageien üblich, sind auch beim Wellensittich zwei Zehen nach vorne und zwei nach hinten gerichtet und die jeweils äußeren Zehen sind länger. Die ungewöhnliche Zehenaufteilung erlaubt es den Sittichen, Futter oder kleine Gegenstände zu greifen. Die Krallen sind, wie der Schnabel auch, durchblutet.

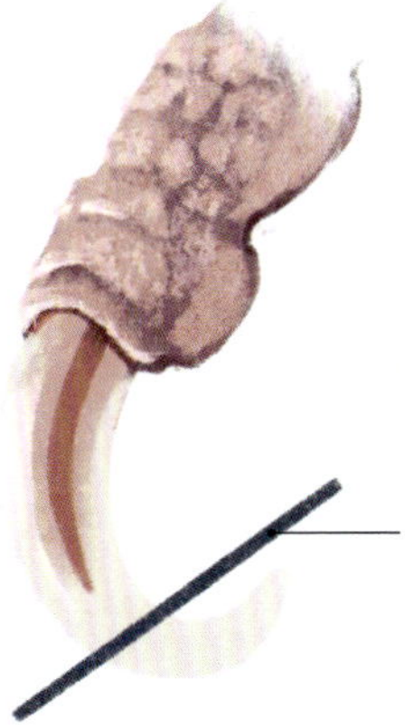

Beim Krallenschneiden darauf achten, dass die schwach durchscheinenden Blutgefäße im Krallenhorn nicht verletzt werden.

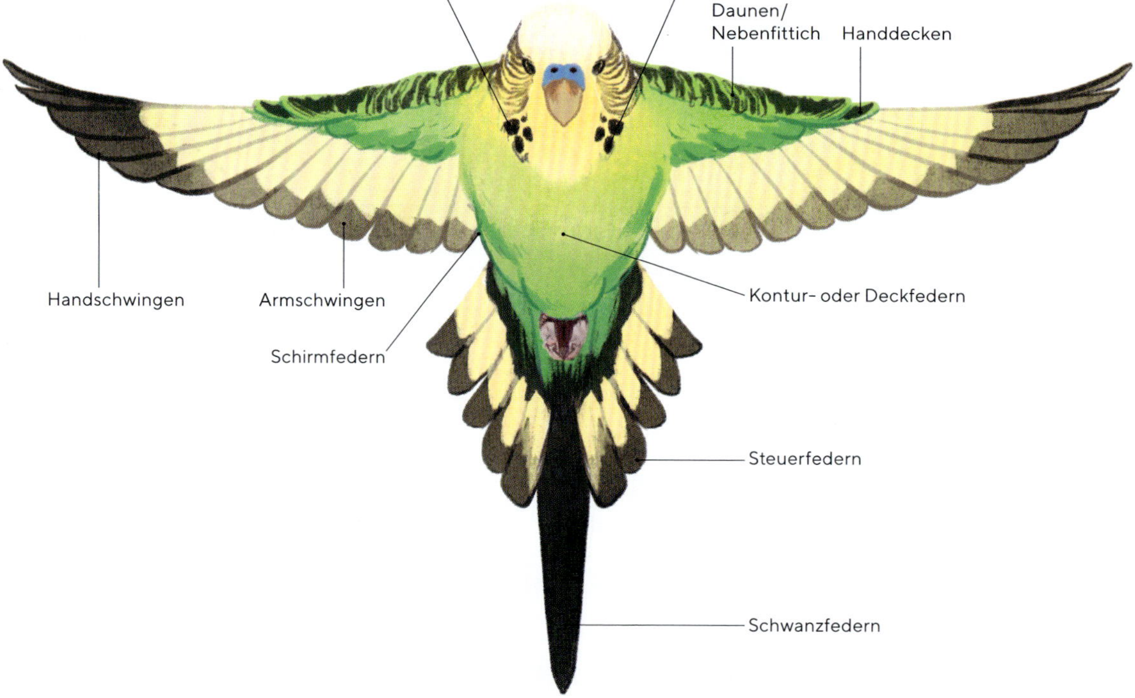

Nicht jede Feder ist gleich: Das Gefieder besteht je nach Funktion aus unterschiedlichen Federtypen.

Organe und Skelett

Das Innere eines Vogels kann man nur auf Röntgenbildern erkennen. Umso interessanter ist es, sich mit den wichtigsten Organen und dem Skelett eines Wellensittichs zu beschäftigen.

Die Atemorgane

Die Besonderheit des Atemapparates bei Vögeln sind die Luftsäcke. Es handelt sich dabei um sackähnliche, lufthaltige Erweiterungen der Bronchien, die sich in fast alle Bereiche des Körpers erstrecken und wie Airbags die anderen Körperorgane beim Fliegen polstern. Die Luftsäcke vergrößern zudem das Atemvolumen und die beim Flug benötigte Versorgung mit reichlich Sauerstoff. Darüber hinaus spielen die Luftsäcke eine wichtige Rolle bei der Wärmeregulation und der Kontrolle des Wasserhaushaltes, denn Vögel haben keine Schweißdrüsen.

Die Verdauungsorgane

Der Muskelmagen ist eine Besonderheit. Wird ein ganzes Korn über den Schnabel aufgenommen, gelangt es über die Speiseröhre in den Kropf, wo es aufgeweicht wird. Weiter im Muskelmagen wird das Futter durch Bewegungen der starken Wandmuskulatur zerrieben. Kleine Steinchen, die vom Wellensittich aufgenommen wurden, unterstützen den Mahlvorgang zusätzlich. Deshalb sollten immer kleine runde Magensteinchen und guter Grit frei zur Verfügung stehen, damit die Vögel diese aufnehmen können.

Das Skelett

Die mit luftgefüllten Hohlknochen tragen zur Reduzierung des Gewichts bei und ermöglichen einen schnellen und wendigen Flug. In den Knochen befindet sich ein feines Netz aus Stützbalken, die so ausgerichtet sind, dass sie beim Fliegen den von außen eintreffenden Kräften entgegenwirken. Weibchen haben in den Hohlknochen häufig Kalkeinlagerungen, da diese dem erhöhten Kalziumbedarf Eier legender Vögel als Reserve dienen. Die Knochen besitzen außerdem große Ansatzflächen für die Flugmuskulatur.

Do!

Liegt der Verdacht auf organische Veränderungen oder einen Knochenbruch vor, lasse deinen Welli vom vogelkundigen Tierarzt röntgen!

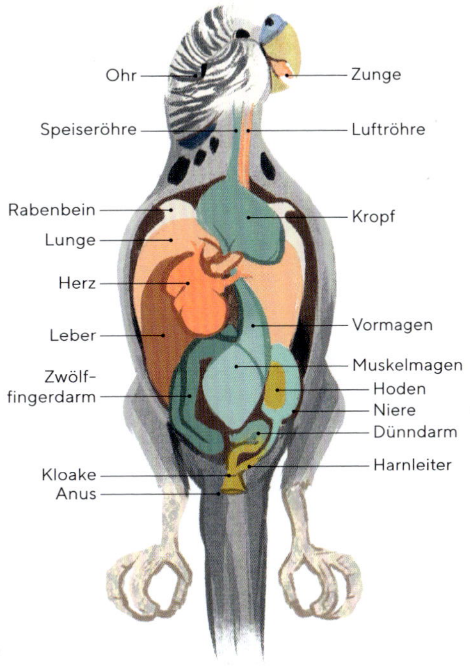

Die Organe liegen dicht aneinander und sind von lufthaltigen Erweiterungen der Bronchien umgeben.

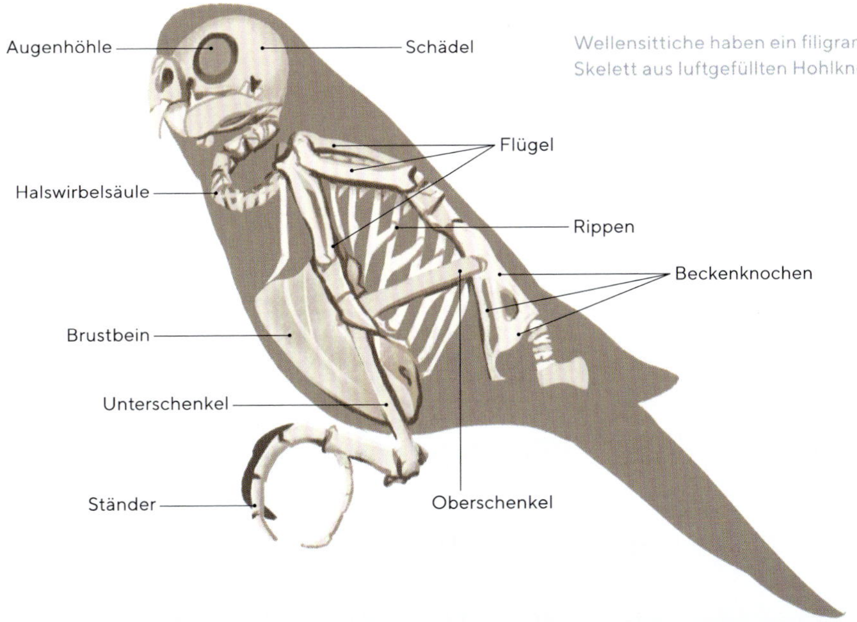

Wellensittiche haben ein filigranes Skelett aus luftgefüllten Hohlknochen.

Die Geschichte des Wellensittichs

⟶ Wusstest du, dass Wellensittiche die am dritthäufigsten gehaltenen Haustiere nach Katzen und Hunden sind? Das ist nicht verwunderlich, denn Wellensittiche erfreuen den Menschen schon lange mit ihrem freundlichen Wesen, ihrem fröhlichen Gezwitscher und ihrer zutraulichen Art. Doch wie kam der Wellensittich von Australien nach Deutschland?

Die Nominatform mit hellgrünem Brustgefieder und den charakteristischen Wellen ist auch heute noch häufig in der Heimtierhaltung zu finden.

Die Entdeckung

Im Jahr 1794 erwähnte der Engländer George Shaw, ein bedeutender Naturforscher, erstmalig Wellensittiche in seinen Veröffentlichungen. Die Informationen und Zeichnungen erhielt Shaw von einem früheren Siedler, der die kleinen Papageien in Australien entdeckt hatte. Es dauerte weitere elf Jahre, bis George Shaw einen echten Wellensittich in Großbritannien zu Gesicht bekam.

Anfang des 19. Jahrhunderts dauerten Fahrten mit dem Schiff von Australien nach Europa sehr lange, weshalb zunächst nur ein Präparat eines toten wildfarbenen Wellensittichs den Forscher erreichte. Shaw war trotzdem von dem kleinen Vögelchen begeistert. Besonders die charakteristischen schwarz-gelben Wellen hatten es ihm angetan. Shaw gab der kleinen Papageienart daher 1805 den wissenschaftlichen Namen *Melopsittacus undulatus*. Der Name leitet sich vom griechischen Wort mélos „Gesang, Klagelied", psittacus „Papagei oder Sittich" und dem lateinischen Wort undulatus „gewellt" ab.

Durch Züchtungen gibt es inzwischen viele unterschiedliche Gefiederfarben.

Wellis können auch einfarbig in Weiß oder Gelb sowie mit geschecktem Gefieder vorkommen.

Budgies

Wenn wir schon beim Namen sind: Der englische Trivialname Budgerigar oder kurz Budgie soll seinen Ursprung in der Sprache der Aborigines, die Ureinwohner Australiens, haben und so etwas wie „gutes Essen" bedeuten. Wellensittiche wurden damals von ihnen gejagt und gegessen.

Export und Ausfuhrverbot

Die Bestände der Wellensittiche gerieten aber erst durch das Interesse der westlichen Welt unter Druck, da ab 1840 mit jedem Schiff zahlreiche Vögel nach Europa gebracht wurden. Seinen Siegeszug als beliebtester Sittich trat der Wellensittich nach einer Vogelausstellung in Antwerpen im Jahre 1850 an, die ihn in ganz Europa bekannt machte. Diese Massenexporte fanden erst 1894 mit dem heute noch gültigen allgemeinen Ausfuhrverbot für Vögel aus Australien ein Ende. Inzwischen war jedoch Züchtern in England, Frankreich und Deutschland die erfolgreiche Nachzucht gelungen, sodass man Wellensittiche immer häufiger auch im Handel fand.

Mutationen und Zucht

Die steigende Beliebtheit und die hohe Reproduktionsrate der Wellensittiche führten dazu, dass es zur Massenvermehrung kam. Dabei entstanden auch Mutationsformen. Nicht nur das Federkleid der ursprünglich hellgrünen Vögel zeigte eine große Bandbreite an Farben, sondern sie wurden auch größer und schwerer. Nach dem Zweiten Weltkrieg trugen Vereine mit ihren Ausstellungen und Wettbewerben dazu bei, dass das Züchten von Mutationen sich großer Beliebtheit erfreute – nicht immer zum Wohle der Tiere.

Weniger langlebig

Die Mutationen und die Massenvermehrung im selben Genpool haben dazu beigetragen, dass sich die heutige Wellensittichzucht im letzten Jahrhundert immer weiter von der Erhaltungszucht entfernt hat. Daher wundert es nicht, dass Wellensittiche nicht mehr so langlebig wie noch vor 30 – 40 Jahren sind – und das trotz deutlich besserer Haltungsbedingungen und tiermedizinischer Versorgung! Seit 2005 existiert in Deutschland ein neuer Zuchtstamm der australischen Wildform, sie sind jedoch nur zoologischen Einrichtungen vorbehalten.

Standards und Hansi-Bubis

Sicher hast du schon mal sehr große und ziemlich plüschige Wellensittiche gesehen, die kaum durch ihre Federn gucken können. Das sind sogenannte Standardwellensittiche, die gerne auf Ausstellungen zur Schau gestellt werden. Standardwellensittiche sind mit 21 – 26 cm nicht nur deutlich größer als australische Wellensittiche, die die Züchter auch als Hansi-Bubis bezeichnen, sondern leben in der Regel weniger lange und können auch nicht mehr so gut fliegen.

Farbvarianten & Geschlechtserkennung

→ Bei Wellensittichen sind inzwischen über 100 Farbschläge bekannt, und doch gehen alle auf die Nominatform zurück. Züchter haben im Laufe der Zeit durch Verpaarungen von Elterntieren mit bestimmten Erbanlagen diese Farbenvielfalt hervorgebracht.

Psittacin und Melanine

Die Gefiederfarben entstehen durch die Farbstoffe Psittacin, der für die Gelbfärbung des Gefieders verantwortlich ist, und Melanine für die dunklen Gefiederpartien. Bei jedem Wellensittich ist die Mischung dieser Farbstoffe individuell und genetisch festgelegt. Die Erbanlagen für einen roten Farbstoff existieren nicht. Vögel mit dem Farbstoff Psittacin zählen zur Grünreihe und jene, bei denen der Farbstoff fehlt, zur Blaureihe.

Farbreihen

Grundsätzlich unterteilt man Wellensittiche in Farbreihen: Grünreihe, Blaureihe, Graureihe und Gelbgesichter. Eine weitere Unterteilung erfolgt durch die Beschreibung der Wellenzeichnungen und Ausprägung der Farbintensität des Gefieders. Hier fallen Begriffe wie Hellflügel, Normal, Opalin, Spangle, Zimter, Lacewing oder Lutinos und Albinos. Auch Halbseiter oder Schecken werden dir begegnen.

Geschlechtserkennung

Bei Wellensittichen erkennt man das Geschlecht an der Farbe der Wachshaut, die um die Nasenlöcher liegt. Es ist gut, als Halter das Geschlecht für die Zusammensetzung von Pärchen und Schwärmen zu kennen. Grundsätzlich gilt bei ausgewachsenen und

Bei fast allen Farbschlägen haben männliche Wellensittiche eine glatte, dunkelblaue Wachshaut.

Je nach hormoneller Phase wechselt die Wachshaut bei Weibchen zwischen Braun und Hellblau.

In einem Schwarm finden sich häufig viele Farbschläge wieder. Wellensittichen ist das egal.

Vor der Jungmauser ist eine eindeutige Geschlechtsbestimmung anhand der Nasenhaut oft schwierig.

damit geschlechtsreifen Wellensittichen: Eine braune Wachshaut weist auf ein Weibchen hin und eine blaue auf ein Männchen.

Abweichungen

Die Farbe der Wachshaut hängt vom Farbschlag sowie vom Alter ab und kann sich bei Wellensittichen unter Hormoneinfluss ändern.

Farbschläge Schwierigkeiten bei der Geschlechtsbestimmung treten vor allem bei den Farbschlägen Lutino, Albino oder manchen Schecken auf. Bei diesen Farbvarianten ist die Wachshaut der adulten Männchen oftmals nicht dunkelblau, sondern kann rosa, violett oder hellblau sein.

Jungvögel Vor der Mauser haben sie noch nicht ihre vollständige Gefiederfärbung erlangt und daher ist ihre Wachshaut auch oft noch nicht ausreichend pigmentiert, um das Geschlecht sicher bestimmen zu können.

Hormoneller Einfluss Bei Weibchen hängt die Ausfärbung der Wachshaut von den Hormonen ab. Sind sie in Brutstimmung, so färbt sich ihre Wachshaut in ein tiefes Braun. Bei manchen Wellensittichen verhornt diese Haut (Hyperkreatose). In der Regel fallen diese Verkrustungen ab, wenn das Weibchen wieder hormonell inaktiv ist. Im inaktiven Zustand ist die Wachshaut hellblau und färbt sich um die Nasenlöcher in ein zartes Weiß.

Achte bei Weibchen mit Hyperkreatose darauf, dass die Nasenlöcher freibleiben und der Wellensittich genügend Luft bekommt. Da die Wachshaut empfindlich ist, lasse bei übermäßiger Verhornung die Verkrustungen von einem vogelkundigen Tierarzt entfernen.
Bei adulten geschlechtsreifen Männchen verändert sich die Wachshaut nicht. Wechselt die Nasenhaut ihre Farbe, liegt es oftmals an einer hormonellen Veränderung, die von Tumoren oder anderen Krankheiten ausgelöst wird.

Beispiele häufiger Farbvarianten

Grünreihe	Blaureihe
Normal hellgrün	Normal hellblau
Opalin hell/dunkelgrün	Opalin hell/dunkelblau
Normal dunkelgrün	Normal dunkelblau
Normal graugrün	Normal violett
Spangle olivgrün	Spangle dunkelblau
Normal hell/dunkelgrüner Schecke	Normal hell/dunkelblauer Schecke
Lutino	Albino

Die ideale Schwarm-zusammensetzung

→ Während sich Wellensittiche in großen Schwärmen einen passenden Partner aussuchen können, müssen sie in der Heimtierhaltung mit dem Vorlieb nehmen, was der Mensch ihnen vorsetzt. Damit sich deine Wellensittiche wohlfühlen, solltest du auf die richtigen Konstellationen in Bezug auf Geschlecht und Alter achten.

Paarhaltung

Als Einsteiger startet man in der Regel mit zwei Wellensittichen in die Vogelhaltung. In der Paarhaltung empfiehlt es sich, ein „echtes" Pärchen, bestehend aus einem Männchen und einem Weibchen, zu nehmen. Die Tiere sollten sich miteinander vertragen, denn nichts ist schlimmer, als zwei Streithähne zu haben, sodass man gezwungen ist, einen von beiden in ein neues Zuhause zu geben. Möchte man ein Pärchen halten, so sollte es beim Kauf bereits die Jungmauser hinter sich gelassen haben (ca. 9 – 12 Monate alt). Anfangs spielen Jungvögel noch mit ihren Geschwistern, ab der vollen Geschlechtsreife suchen sich Wellensittiche im Schwarm ihre Partner selbst aus. So kannst du sicher sein, dass sich die Wellensittiche mögen und künftig keine Probleme entstehen.
Suche dir deine Wellensittiche nicht nach deinen Vorstellungen von Farbe und äußeren Merkmalen aus, sondern schaue, welche Vögel bereits verpaart sind!

Mein Tipp

Wenn es dir möglich ist, kannst du nach einiger Zeit dein Wellensittichpaar um jeweils ein weiteres Männchen und Weibchen erweitern. So kann jeder zwischen zwei Partnern wählen und hat einen Geschlechtsgenossen mit gleichen Interessen.

Was nicht so gut klappt

Eine ungünstige Kombination sind zwei Weibchen oder zwei Männchen. Zwei Hennen können sehr garstig zueinander sein, aber auch unter Hähnen kann es später zu ernsthaften Streitigkeiten kommen. Natürlich gibt es Ausnahmen, bei denen reine Männer- oder Frauengruppen Zeit ihres Lebens wunderbar harmonieren, dennoch sind dies Einzelfälle und entsprechen nicht dem natürlichen Paarverhalten von Wellensittichen. Oft werden für die Haltung von gleichgeschlechtlichen, männlichen Paaren Argumente wie „Angst vor Nachwuchs", „Hennen sind zickig", „Hennen zerstören mehr" und „Hennen werden nicht zahm" aufgeführt. Diese Vorurteile stimmen nicht und lassen sich leicht entkräften!

Der ideale Schwarm besteht aus mindestens vier Wellis und hat ebenso viele Weibchen wie Männchen.

Schwarmhaltung

Wenn man sich für eine Schwarmhaltung entscheidet, ist auch hier ein ausgewogenes Verhältnis zwischen Männchen und Weibchen nicht unerheblich. Je ausgeglichener ein Schwarm ist, desto größer ist die Chance, dass jeder den richtigen Partner findet und es keine Konflikte um mögliche Partnervögel gibt.

Alter

Nicht nur die richtige Konstellation der Geschlechter ist wichtig, sondern auch das Alter. Ein Jungvogel hat einen ganz anderen Bewegungsdrang und Interessen als ein alter Wellensittich. Verstirbt in einer Paarhaltung einer der schon älteren Wellensittiche, sollte er nicht durch ein Küken ersetzt werden, sondern durch einen neuen Partnervogel im selben Alter und mit dem gleichen Temperament.

Don't

Wellensittiche dürfen niemals alleine gehalten werden, sie brauchen IMMER einen artgleichen Partner.

Sozialverhalten und Körpersprache

→ Wellensittiche faszinieren durch ihr facettenreiches Sozialverhalten. Sie kommunizieren nicht nur mit Gesang und Lauten, sondern auch durch ihre Körpersprache.

Sprachvermögen

Für ihre Fähigkeit, Laute nachahmen zu können, sind Wellensittiche bekannt. So werden auch heute noch viele Wellihalter gefragt, ob ihre Vögel sprechen können. Dieses Talent, neue Laute zu lernen, ist in der Natur wichtig, um in den riesigen Schwärmen den Partner wiederzufinden. Die individuellen Rufe sind quasi wie Namen, mit denen sie Kontakt zum Partner aufnehmen. Vor allem Männchen haben diese Gabe, um nach der Nahrungsbeschaffung ihr Weibchen wieder ausfindig zu machen. Darüber hinaus beherrscht jeder Schwarm eine Reihe von gemeinsamen Kontaktlauten, mit denen sie sich verständigen. Mit einem kurzen, schrillen Pfiff warnen sie sich beispielsweise vor Gefahren.
Jeder Schwarm entwickelt dabei eine individuelle Lautmelodie, die abhängig von dem ist, was die Wellensittiche aus ihrem Ursprungsschwarm mitbringen. Umgebungslaute werden ebenfalls einbezogen: Da hört man im Geplapper plötzlich seinen Handyklingelton oder das Gezwitscher von Spatzen.
Erwarte nicht, dass deine Wellis Wörter oder Melodien lernen. Diese Nachahmungsversuche sind bei Einzelhaltung traurige Versuche, Kontakt mit dem Menschen aufzunehmen.

Körpersprache

Wellensittiche können mithilfe der Muskultur ihre Federn eng an den Körper anlegen oder aufstellen. Das tun sie nicht nur zur Temperaturregulation, sondern auch zur Kommunikation. Anhand der Körpersprache verständigen sie sich nicht nur untereinander, sondern signalisieren uns Haltern ihre Stimmung.

Angst „Ich habe Angst!" sagt diese Körperhaltung aus: Glatt anliegendes Gefieder und abgespreizte Flügel signalisieren, dass der Wellensittich fluchtbereit ist.

1 **Entspannt** Entspannte Wellensittiche plustern sich auf und singen leise.

Krank Ist ein Wellensittich krank, so erkennt man es am aufgeplusterten Gefieder, geschlossenen Augen und der schweren Atmung (Schwanzfederwippen).

2 **Lass mich** Oh, ha! Hier gibt es gleich richtig Ärger.

3 **Schlafen** „Ruhe jetzt, ich schlafe!" will uns dieser Wellensittich sagen.

4 **Neugier** Neugierige Wellensittiche wenden sich dem Halter zu und lehnen den Oberkörper etwas nach vorne.

5 **Kraul mich** Möchte ein Wellensittich gekrault werden, so legt er den Kopf zur Seite.

1

2

Do!

Beobachte im täglichen Handling, in welchen Situationen deine Wellensittiche ihre Körpersprache einsetzen. Das wird dir helfen, sie mit der Zeit besser zu verstehen.

3

4

5

Vorbereitung

Bevor deine Wellis einziehen

Passen Wellensittiche zu mir?

Wellensittichhaltung, wie wir sie uns vorstellen …

Sie sind klein, bunt, leicht zu zähmen und machen kaum Arbeit. So oder so ähnlich suggeriert es die vorherrschende Meinung über Wellensittiche und preist die Minipapageien als perfekte Haustiere für Jung und Alt an. Viele Menschen haben einen positiven Bezug zu den australischen Sittichen und erinnern sich gerne an den Wellensittich ihrer Oma, der als lustiger Geselle in seinem kleinen Käfig auf dem Wohnzimmertisch stand, seinen Namen sprechen konnte und während des Freiflugs – fast schon ein bisschen lästig – an den Menschen klebte.
Die Heimtierhaltung hat sich in den letzten Jahrzehnten glücklicherweise geändert und viele neue Erkenntnisse helfen dabei, Wellensittiche so artgerecht wie möglich zu halten.

Don't

Schaffe dir keine Wellensittiche mit der Erwartung an, dass sie zahm werden und sich von dir kuscheln oder kraulen lassen. Kommt ein Vogel kurz für ein Leckerchen auf die Hand, ist das schon ein großer Erfolg in Sachen Vertrauen!

Alte Denkweisen müssen daher auf den Prüfstand gestellt und eigene Erwartungen an die Bedürfnisse der Tierart angepasst werden.

… und wie sie sein sollte!

Wellensittiche als Schwarmtiere mit ihrem komplexen Sozialgefüge, ihren enormen Haltungsansprüchen und ihren zahlreichen Krankheiten sind alles andere als einfache Anfängertiere. Auf die Wellensittichhaltung muss man sich genauso gut vorbereiten, wie auf die Haltung jedes anderen Tieres auch. Sie setzt viel Fachkenntnis voraus und einen hohen Einsatz an zeitlichen und finanziellen Ressourcen. Bevor die Tiere ins Haus geholt werden, muss man sich im Klaren darüber sein, was einen erwartet, denn Wellensittiche zu besitzen, bedeutet eine jahrelange Verpflichtung einzugehen.

Passen Wellis in mein Leben?

Wellensittiche können bis zu 15 Jahre alt werden. Daher sollte man sich fragen, wie sich die Haltung in den folgenden Jahren mit der eigenen Lebensplanung vereinbaren lässt. Muss man berufsbedingt umziehen? Verreist man gerne oder ist häufig auf Dienstreise? Sind Partner und Familie einverstanden? Habe ich oder ein Familienmitglied Allergien? Gegebenenfalls ist es sinnvoll, einen Allergietest machen zu lassen. Habe ich Menschen, denen ich die Vögel anvertrauen kann, wenn ich im

Nur mit viel Geduld und Training nehmen Wellensittiche Futter aus der Hand ab.

Urlaub bin oder mich krankheitsbedingt nicht um sie kümmern kann?
Auch ein älterer Mensch sollte sich Gedanken machen. Es ist keine gute Idee, sich zwei Wellensittiche zur Gesellschaft anzuschaffen, wenn man bereits merkt, dass einem der Haushalt auch ohne Tiere immer schwerer fällt.

Ein kostspieliges Hobby

Mit der langen Lebensdauer gehen auch Kosten einher, die bei einem so kleinen Vögelchen leicht unterschätzt werden.
Während sich die einmaligen und monatlichen Kosten noch gut kalkulieren lassen, können die Ausgaben für den Tierarzt auch schnell das Doppelte oder Dreifache pro Jahr erreichen. Vor allem wenn Wellensittiche älter werden, kommt man um den einen oder anderen Termin beim vogelkundigen Tierarzt nicht herum! In durchschnittlich zehn Jahren summieren sich die Haltungskosten für zwei Wellensittiche somit auf über 7 000 Euro!

Kosten-Check für zwei Wellensittiche

Einmalig

- Kaufpreis eines Pärchens ca. 80 Euro
- Artgerechter Käfig ca. 350 Euro
- Eingangsuntersuchung beider Wellensittiche ca. 100 Euro

Monatlich

- Futterkosten (Körner, Frischfutter, Grit, Mineralstoffe) ca. 15 Euro
- Einstreu ca. 15 Euro

Jährlich

- Käfigausstattung, Spielsachen, Spielplätze ca. 100 Euro
- Sonderausgaben für Tierarzt, Urlaubsbetreuung etc. ca. 200 Euro

Wellensittiche für Kinder und Jugendliche

→ Es gibt kaum ein Kind, das sich kein Haustier wünscht. Gerade wenn man als Mutter oder Vater selbst mit Tieren groß geworden ist, steigt die Bereitschaft, seinen Kindern diesen Wunsch zu erfüllen. Bevor jedoch die Wahl auf Wellis fällt, sollte man einiges bedenken!

Wellensittiche sind keine Kuscheltiere

Wellensittiche werden selten so zahm, dass sie die Erwartungen eines Kindes erfüllen können. Die Vögel haben ein komplexes Sozialverhalten und bleiben in der Regel lieber unter sich. Zwar bekommt man mit etwas Geduld und Zeit die Vögel dazu, Futter aus der Hand zu nehmen oder auch mal auf den Finger zu kommen, doch Tiere, die den Körperkontakt zum Menschen suchen, werden Wellensittiche nie! Diese Tatsache, die selbst viele Erwachsene schwer akzeptieren können, ist für Kinder meist frustrierend.

Tiere mit langer Lebensdauer

Auch das tägliche Handling der Wellensittiche ist für Kinder eine große Herausforderung. Zwar können sie ab dem Grundschulalter unter Aufsicht der Eltern das Futter und das Wasser wechseln, dennoch bleibt der Großputz den Erwachsenen vorbehalten.
Daher und aufgrund der langen Lebensdauer empfiehlt es sich nicht, Wellensittiche ausschließlich für die Kinder zu kaufen. Dies gilt vor allem, wenn man als Erwachsener keine Bindung zu den Tieren hat und sich nicht hauptverantwortlich darum kümmern möchte.

Gefiederte Familienmitglieder

Wellensittiche können dennoch eine Bereicherung für die Familie sein. So lernen junge Menschen, Verantwortung für ein Lebewesen zu übernehmen und seine Bedürfnisse zu berücksichtigen. Kinder lernen auch, eigene Wünsche und Vorstellungen kurzfristig zurückzustellen. Zudem stärken Haustiere nicht nur das Immunsystem, sondern lassen Kinder auch psychisch reifen. Der Umgang mit Tieren fördert das Selbstvertrauen, erhöht die Frustrationstoleranz und erweitert das Einfühlungsvermögen. Begeistert man sich als Mutter oder Vater für die Haltung der kleinen Australier, sind Wellensittiche ein tolles Hobby für die ganze Familie. Bereits die Jüngsten kann man in Routineaufgaben einbinden. Hierzu zählen beispielsweise das Befüllen der Futter- und Trinknäpfe oder das Ausstreuen der Einstreu in die Bodenschalen des Käfigs. Ab sechs Jahren kann man weitere einfache Aufgaben unter Aufsicht an die Sprösslinge übertragen. In diesem Alter verstehen Kinder in der Regel auch alle Sicherheitsregeln, die im Zusammenhang mit den Tieren gelten, sodass man Kinder auch ins Training mit den Wellensittichen einbeziehen kann. Mit ein paar Leckereien in der Hand, kommen zutrauliche Wellis auch zu Kindern auf den Finger. Mit circa zwölf Jahren können Kinder einfache Routineaufgaben eigenverantwortlich und alleine ausführen. Besprecht gemeinsam, welche Aufgaben auf die Familienmitglieder zukommen und welche Erwartungen sie an die Wellensittichhaltung haben.

> Ab einem Alter von drei Jahren können Kinder in einfache Routineaufgaben einbezogen werden.

∨ Gemeinsames Basteln macht Spaß, fördert die Kreativität und sorgt nicht nur bei Wellis für Beschäftigung.

Es erfordert viel Geduld und Ruhe, dass ein Wellensittich einem Kind Futter aus der Hand abnimmt.

Don't

Kinder unter sechs Jahren sollten nicht unbeaufsichtigt mit den Wellensittichen in einem Zimmer gelassen werden.

Schwangerschaft und Kleinkinder

Wellensittichhaltung in der Schwangerschaft

Sind die Wellensittiche erst einmal im Haus, werden sie dich in der Regel über ein Jahrzehnt lang begleiten. Daher ist es sinnvoll, sich auch Gedanken über veränderte Lebensumstände zu machen. Vor allem in der Schwangerschaft stellt sich die Frage, ob Haustiere der Mutter und dem ungeborenen Kind gefährlich werden können. Daher testet man Schwangere im Rahmen der Vorsorgeuntersuchungen auf die von Katzen übertragene Toxoplasmose. Die gute Nachricht: Wellensittiche übertragen diese Krankheit nicht!

Mein Tipp

Auch wenn sich in den Wochen vor der Entbindung alles um die bevorstehende Geburt dreht, plane rechtzeitig die Versorgung deiner Wellensittiche!

Chlamydiose (früher: Psittakose)

Chlamydiose ist eine vom Tier auf den Menschen übertragbare Krankheit (Zoonose), die der Meldepflicht unterliegt. Zwar wurde diese Krankheit in Deutschland in den letzten Jahren nur noch relativ selten gemeldet und ist bei Mensch und Tier gut behandelbar. Sie stellt dennoch für Risikogruppen eine ernst zu nehmende Erkrankung dar. Mit erkrankten Wellensittichen sollte man daher immer zu einem vogelkundigen Tierarzt gehen.

Auf Hygiene achten

Da der Körper während einer Schwangerschaft im Hochleistungsmodus arbeitet, muss grundsätzlich in allen Bereichen des Alltags auf Hygiene geachtet werden. Dazu gehören natürlich auch die Wellensittiche. Im Freiflugzimmer sollte man nicht nur regelmäßig den Boden saugen und wischen, sondern auch das Mobiliar, die Gardinen und (Sofa-)Kissen reinigen. Zudem ist es ratsam, Handschuhe zu tragen, während man die Kotschale reinigt, um sich vor dem Kontakt mit Exkrementen zu schützen. Vorsichtshalber sollten Schwangere sich nach jedem Vogelkontakt die Hände waschen.
Lass deine Wellensittiche grundsätzlich nicht am Esstisch von den eigenen Speisen essen. Auch auf das Küsschengeben verzichte besser in der Schwangerschaft.

Ist die Wellensittichhaltung gut durchdacht und hat jeder seinen eigenen Bereich in der Wohnung, klappt das Zusammenleben wunderbar.

Babys und Kleinkinder

Die Vogelhaltung stellt Mütter in den ersten Lebensjahren ihrer Kinder vor eine Zerreißprobe. Wie laut und schrill Wellensittiche zwitschern können, merkt man oft erst, wenn man völlig übernächtigt versucht, dem Baby und sich einen Mittagsschlaf zu gönnen. Den Raum trotzdem nicht verdunkeln, denn unregelmäßige Tag-Nacht-Rhythmen haben einen negativen Einfluss auf die Gesundheit deiner Wellis. Lenke sie besser mit neuem Spielzeug ab. Ein kleiner Fundus an wechselndem Zubehör sorgt in der Mittagszeit für Beschäftigung.

Krabbelalter

Ist der Nachwuchs im Krabbelalter angelangt, ist Hygiene das A und O, da in der oralen Phase alles in den Mund genommen und untersucht wird. Neben Federn und Spelzen gehören leider auch Kot und Einstreu dazu. Vor allem bei (Holz-)Granulateinstreu muss man darauf achten, dass sich das Kind daran nicht verschluckt! Ein Handstaubsauger in Käfignähe sorgt im Wohnzimmer auch zwischendurch schnell für die nötige Sauberkeit.
Aber nicht nur die Wellensittiche und deren Zubehör können eine Gefahr für das Kind darstellen, sondern auch umgekehrt. Babys und Kleinkinder sind noch sehr grobmotorisch und daher nicht in der Lage, ihre Kräfte einzuschätzen bzw. zu kontrollieren. Die bunten Vögelchen haben auf Kinder eine magische Anziehungskraft. Wer nicht schnell genug wegfliegen kann, bezahlt dies womöglich mit dem Leben. Daher Kinder niemals unbeaufsichtigt mit den freifliegenden Wellis lassen!

Rechtliches zur Vogelhaltung

Tierschutzbestimmungen

Du hast dich von den Überlegungen und der Kostenrechnung im vorherigen Kapitel nicht abschrecken lassen und hältst an dem Wunsch fest, dein Leben mit Wellensittichen zu bereichern. Eine gute Haltung ist für viele eine Selbstverständlichkeit, aber auch eine gesetzliche Pflicht! Das Tierschutzgesetz zeigt das in § 2 ziemlich deutlich:

Wer ein Tier hält, betreut oder zu betreuen hat,
1. muss das Tier seiner Art und seinen Bedürfnissen entsprechend angemessen ernähren, pflegen und verhaltensgerecht unterbringen,
2. darf die Möglichkeit des Tieres zu artgemäßer Bewegung nicht so einschränken, dass ihm Schmerzen oder vermeidbare Leiden oder Schäden zugefügt werden,
3. muss über die für eine angemessene Ernährung, Pflege und verhaltensgerechte Unterbringung des Tieres erforderlichen Kenntnisse und Fähigkeiten verfügen.

Die Tierschutzbestimmungen haben demnach einen Einfluss auf deine Haltungsbedingungen. So müssen Wellensittiche beispielsweise mindestens zu zweit gehalten werden, ganztägigen Freiflug bekommen und eine Unterbringung in einem großen Käfig muss gewährleistet sein. Vor dem Kauf sollte man sich also auch über den verfügbaren Platz im Klaren sein, den die Wellensittichhaltung in den eigenen vier Wänden einnehmen wird.

Mietrecht

Wer Tiere halten möchte, sieht sich mit der Frage konfrontiert: Darf ich das in meiner Wohnung überhaupt? Wellensittiche gelten als Kleintiere und dürfen laut deutschem Mietrecht auch ohne die Zustimmung des Vermieters gehalten werden. Als Kleintiere bezeichnet man Haustiere, deren Haltung in geschlossenen Behältnissen wie Käfigen, Terrarien oder Aquarien erfolgt. Als Begründung wird aufgeführt, dass die Tiere (im Gegensatz zu Hunden und Katzen) sich nicht frei in der Wohnung bewegen, Nachbarn nicht stören und es zu keinen Schäden in der Mietwohnung kommt. Zu fristlosen Kündigungen der Wohnung kann es ebenfalls nicht kommen, wenn die Kleintiere nicht eine „unüblich hohe Anzahl" übersteigen.

Da sich die Wellensittichhaltung in den letzten Jahrzehnten stark gewandelt hat, muss dem Halter jedoch bewusst sein, dass:
- Wellensittiche durchaus Nachbarn mit ihrem Gezwitscher stören könnten,
- ganztägigen Freiflug brauchen und
- nicht nur Tapeten und Mobiliar beschädigen, sondern auch Löcher in die Wände nagen.

Vorher klären

Wer auf Nummer sicher gehen möchte, kündet seinem Vermieter die neuen Mitbewohner an und lässt sich die Wellihaltung schriftlich bestätigen. Auch Nachbarn freuen sich, wenn man sie nicht vor vollendete Tatsachen stellt.

Do!

Überprüfe regelmäßig die Wände im Freiflugzimmer auf Schäden und bessere sie gegebenenfalls zeitnah aus. Am besten verhinderst du Zerstörungen durch deine Wellensittiche, indem du regelmäßig für vogelgerechte Beschäftigung und neues Spielzeug sorgst!

Urlaubs- und Krankheitsbetreuung

→ Planst du deine Wellensittichhaltung, solltest du auch an Urlaube, Dienstreisen oder Krankenhausaufenthalte denken. Frage bereits im Vorfeld bei Nachbarn, Freunden oder Familienmitgliedern nach, ob sie sich eine temporäre Betreuung vorstellen können. Bereite für den Fall, dass nicht viel Zeit für eine lange Übergabe ist, eine Checkliste vor. Erstelle eine detaillierte To-do-Liste, lege Futter und Zubehör sowie saubere Futter- und Trinknäpfe bereit. Lege auch Steckbriefe zu jedem Wellensittich mit Foto, Namen, Alter und Vorerkrankungen an, damit die Betreuungsperson im Notfall dem Tierarzt einige Informationen geben kann.

Mein Tipp

Am besten leitest du deine Urlaubsvertretung ein paar Tage vor deinem Kurztrip an, damit jeder Handgriff sitzt, kein Wellensittich entfliegt und du entspannt wegfahren kannst.

Über kurz …

Ein verlängertes Wochenende an den Strand oder eine kurze Dienstreise: Sobald du mehr als einen Tag von zu Hause weg möchtest, stellt sich die Frage, wer sich währenddessen um deine Vögel kümmert. Futter- und Trinkspender sind keine zuverlässigen Hilfsmittel! Zu leicht können sie verschmutzen, verstopfen oder auslaufen. Wellensittiche haben einen schnellen Stoffwechsel und brauchen mehrmals täglich etwas zu fressen und zu trinken. Für ein paar Übernachtungen lohnt es sich meistens nicht, die Wellensittiche aus ihrer gewohnten Umgebung zu nehmen. Daher ist es ratsam, wenn man Nachbarn oder Freunde in der Nähe hat, die ein- bis zweimal täglich nach dem Rechten sehen. Wenn es sich um zwei, drei Tage handelt, solltest du deine Vögel währenddessen in der Voliere lassen. Menschen, die unerfahren im Umgang mit Vögeln sind, übersehen die Gefahren, die auf Wohnungsvögel lauern. Schnell ist versehentlich ein Fenster auf Kipp oder eine Tür nicht richtig geschlossen.

… oder lang

Benötigst du eine Tierbetreuung über einen längeren Zeitraum, dann ist mehr Planung erforderlich, da man dies kaum einer Urlaubsbetreuung zumuten kann, zweimal täglich bei deinen Vögeln vorbeizugehen. Daher kann es sinnvoll sein, diese in eine Urlaubsbetreuung zu geben. Hier hat man unterschiedliche Möglichkeiten, die ihre Vor- und Nachteile haben.

< Während kurzer Betreuungszeiten sollten Wellensittiche aus Sicherheitsgründen lieber im Käfig bleiben.

∨ An Käfigtagen sorgen Spielzeuge oder Frischkost für täglich wechselnde Beschäftigung.

Stelle der Tierbetreuung ausreichend Futter- und Trinknäpfe, Körnerfutter, Rispen und Spielzeuge zur Verfügung.

> Haben Wellensittiche spezielle Futteransprüche oder benötigen Medikamente, muss auch das geklärt werden.

> Bei gehandicapten Wellensittichen sind die Versorgung und die Pflege vorher genau abzusprechen.

Do!

Im Hinblick auf medizinische Notfälle empfiehlt es sich, schriftlich festzuhalten, was die Betreuung entscheiden darf und was gemacht werden soll. Dies bezieht sich vor allem auf die Höhe und Rückerstattung von nötigen Fahrt- und Behandlungskosten sowie den Behandlungsumfang beim Tierarzt.

Am beliebtesten ist die Betreuung durch erfahrene Wellensittichhalter. Sie kennen sich im Umgang mit den Vögeln aus und können im Krankheitsfall schnell reagieren.

Familienmitglieder Am günstigsten ist die Unterbringung bei Familienmitgliedern und Freunden. Neben dem finanziellen Aspekt kennt man die räumlichen Begebenheiten und kann abschätzen, ob es seinen Tieren dort gut geht und ob Freiflug gefahrlos möglich ist. Bereite die Betreuenden darauf vor, dass Wellensittiche laut sind und Dreck machen. Bitte deine Urlaubsbetreuer darum, dass deine Wellensittiche nicht in der Küche stehen, im Durchzug, hinter Fensterscheiben (Hitzegefahr), in dunklen Durchgangsbereichen (Flure), Kellern, Garagen, auf Balkonen oder in verrauchten Zimmern! Auch ein Stellplatz auf dem Fußboden ist gänzlich ungeeignet!

Andere Wellensittichhalter Die Betreuung der Tiere durch andere Wellensittichhalter zählt zur beliebtesten Form. Zum einen basiert sie in der Regel auf Gegenseitigkeit und zum anderen muss nicht viel erklärt werden. Langjährige Wellensittichhalter wissen, worauf sie achten müssen, kennen die Gefahren und sind im Handling vertraut. Daher stellt Freiflug oft kein Problem dar. Allerdings ist es ratsam, die Wellensittiche getrennt vom jeweils anderen Schwarm zu halten, um eine Übertragung möglicher Krankheiten zu vermeiden. Die besten Chancen, Gleichgesinnte zu treffen, hat man bei Wellensittichstammtischen. Nicht nur für die Betreuung ist der Kontakt wichtig, auch der Austausch mit anderen Wellensittichhaltern ist spannend und lehrreich!

Tierpensionen Sie sind eine Alternative für eine längerfristig geplante Abwesenheit. Die gewerblichen Pensionen sind unterschiedlich teuer. Wichtig ist, dass sie sich mit der Haltung von Ziervögeln auskennen und einen Sachkundenachweis haben. Schau dir die Pension vorher an, um sicher zu sein, dass sie deinen Ansprüchen genügt. Denk dran: Gerade in den Schulferien herrscht dort Hochbetrieb, daher ist rechtzeitiges Reservieren ratsam.

Tierarztpraxen Sind deine Wellensittiche krank oder benötigen regelmäßig Medikamente? Dann ist die Betreuung durch einen vogelkundigen Tierarzt die beste Wahl. Einige Vogelpraxen bieten Urlaubspflege an und versorgen die Vögel bei Bedarf auch medizinisch. Dann kannst du auch bei (chronisch) kranken Wellensittichen unbesorgt in den Urlaub fahren!

Daran solltest du denken, damit deine Urlaubsbetreuung gut vorbereitet ist!

- Rechtzeitig eine passende Urlaubsbetreuung finden
- Futtervorräte auffüllen
- Spielzeuge und Beschäftigungsmöglichkeiten für „Käfigtage" vorbereiten
- Detaillierte To-do-Liste mit den Dingen, die die Urlaubsbetreuung machen soll
- Kurzprofil für jeden Wellensittich anlegen (Name, Alter, mögliche Vorerkrankungen, Besonderheiten)
- Telefonnummern, unter denen du erreichbar bist
- Adresse des behandelnden Tierarztes aufschreiben
- Bargeld für mögliche Tierarztkosten bereitlegen
- Kleine Transportbox und Kescher für den Notfall bereitstellen
- Vollmacht bezüglich der Tierbetreuung für medizinisch notwendige Behandlungen beim Tierarzt

Gefahren in der Wohnung

→ Die Natur hat Wellensittiche nicht dazu geschaffen, sich in geschlossenen Räumen aufzuhalten. Daher lauern in der Wohnung viele Gefahren, die man als Halter am besten noch vor dem ersten Freiflug beseitigt.

Offene Fenster und Türen

Geöffnete und ungesicherte Fenster sind die häufigste Ursache, warum Wellensittiche entfliegen. Nur sehr wenige werden rechtzeitig gefunden oder fliegen jemandem zu. Die meisten von ihnen finden draußen ihren Tod. Wer die Möglichkeit hat, kann seine Fenster durch eine stabile Vergitterung absichern. Einfache Fliegengitter oder gekippte Fenster hinter Gardinen sind kein ausreichender Schutz! Das Schutzgitter sollte aus Edelstahl sein und für Wellensittiche nicht mehr als 1 x 1 cm Gitterabstand aufweisen. Die Vergitterung muss fest sitzen und am besten verschraubt werden. Ebenso gründlich wie bei den Fenstern sollte man beim Öffnen und Schließen der Türen auf seine Tiere achten: Neben dem Entfliegen sind Anflugtrauma, abgetrennte Gliedmaßen oder das komplette Einklemmen des Vogels mit Todesfolge mögliche Konsequenzen.

Durch abschließbare Fenster verhindert man, dass die Fenster versehentlich geöffnet werden.

Der Abstand ist zu groß: dieser Schrank muss oben mit einer verschraubten Holzleiste gesichert werden.

Flache, geschlossene Deckenlampen bergen keine Gefahren und werden nicht als Landeplatz genutzt.

Für Wellensittiche erreichbare Steckdosen sichert man am besten mit einer Kindersicherung.

Schränke und Kommoden

Grundsätzlich gilt: Alle Möbelstücke sollten weniger als 1,2 cm Abstand zur Wand aufweisen! Bei größeren Abständen zur Wand müssen sowohl oben als auch an den Seiten Sicherungen in Form von Gittern, Brettern oder Leisten angebracht werden. Bei größeren Abständen zur Wand sind Sideboards von geringer Höhe auf Füßen noch am sichersten. Bei hohen, schweren Schränken oder Einbauschränken empfiehlt es sich, die Rückwand mindestens 20 cm über dem Boden enden zu lassen. Sollte der Vogel trotz Absicherung hinter den Schrank fallen, besteht die Möglichkeit, dass man ihn unten wieder befreien kann.

Giftige Zimmerpflanzen

Die meisten immergrünen Zimmerpflanzen sind für Wellensittiche leider giftig. Daher sollten alle Pflanzen vorsichtshalber nicht im Vogelzimmer stehen, sondern in anderen Räumen. Auf Grünzeug muss man dennoch nicht verzichten: Wellensittiche freuen sich über Kräutertöpfe wie Basilikum, Kresse, Dill, Koriander, Zitronenmelisse oder Salbei. Sie bieten ihnen neben vielen Mineralstoffen und Vitaminen auch noch jede Menge Spaß. Auch Pflanzenampeln aus Golliwoog und Grünlilien kannst du im Zimmer lassen, wenn du nicht an ihnen hängst. Da Pflanzenerde leicht schimmelt und den Raum verschmutzt, verwende besser Blähton.

Lampen, Kabel und Steckdosen

Wellensittiche landen am liebsten auf hohen Plätzen, um eine möglichst gute Übersicht zu haben und knabbern zudem alles an. Daher sollte man beim Kauf der Zimmerbeleuchtung darauf achten, dass möglichst eine Lampe ohne sichtbare Kabel und Glühbirnen gewählt wird. Lassen sich Kabel nicht vermeiden, muss man sie mit einem Kabelkanal sichern. Erreichbare Steckdosen auf Tischhöhe und in unmittelbarer Nähe der Spielplätze oder der Voliere sollten vorsichtshalber mit einer Kindersicherung ausgestattet sein.

Sonstige Gefahren

Im Freiflugzimmer können Alltagsgegenstände zu Gefahrenquellen werden. Achte auf:

- Kerzen, Kamine und offenes Feuer
- Zigarettenrauch und Aschenbecher
- Dämpfe beschichteter Pfannen und Töpfe sowie Raclette und Fondue
- Gegenstände aus Zink und Blei (z. B. Bleibänder in Gardinen oder Tiffanylampen)
- tiefe Vasen, Gießkannen oder Gefäße
- Tassen, Gläser und Teekannen

Die Liste der Gefahren ist lang. Daher solltest du deine Wohnsituation regelmäßig aus der „Vogelperspektive" betrachten und dir überlegen, ob es noch wohnungsspezifische Gefahrenquellen für deine Wellensittiche geben könnte.

Glasscheiben richtig sichern

→ Da sich Wellensittiche den größten Teil des Tages im Freiflug außerhalb des Käfigs aufhalten sollten, kommt der korrekten Sicherung der Scheiben eine besondere Bedeutung zuteil. Vögel können Fensterglas nicht als Barriere erkennen.

Wie nehmen Wellis ihre Umwelt war?

Um zu verstehen, weshalb die Fensterscheiben dauerhaft gesichert werden müssen, schauen wir kurz auf die biologischen Grundlagen des Vogelauges. Die Augen der Wellensittiche befinden sich seitlich am Kopf, das ermöglicht ihnen einen „Weitwinkelblick" von fast 180 Grad je Auge. Allerdings wird nur ein vergleichsweise kleiner Winkel von beiden Augen gleichzeitig abgedeckt, was die räumliche Wahrnehmung stark einschränkt. Mit anderen Worten: Alles, was direkt vor dem Vogel passiert, liegt in einem toten Winkel. Hinzu kommt, dass Wellensittiche Glasscheiben aufgrund der Transparenz nicht als Hindernis erkennen können.

Optische Reize verarbeiten

Für die Wissenschaft ist die Frage nach der Verarbeitung der optischen Reize im Vogelgehirn noch weitestgehend ungeklärt. Beobachtungen zeigen, dass Vögel sehr gut an ihre Umgebung angepasst sind und optische Signale schnell umsetzen. So können gerade kleine Vögel blitzschnell kollisionsfrei durch Bäume und Sträucher flitzen. Selbst kleinste Löcher im Geäst werden von ihnen als Durchflugmöglichkeit erkannt. Aus dieser Erkenntnis hat die Senatsverwaltung für Umwelt, Verkehr und Klimaschutz die Handflächenregel aufgestellt. Sie besagt, dass man bei Vögeln von der Größe eines Wellensittichs eine Handfläche nehmen soll, um abzuschätzen, ob Öffnungen für Vögel zum Durchfliegen geeignet wären.

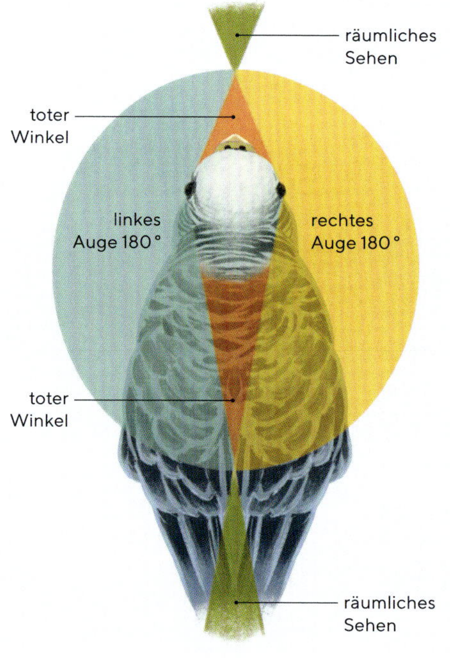

Wellensittiche haben beinahe eine Rundumsicht. Nur Unmittelbares vor ihnen können sie nicht sehen.

Glasscheiben werden von Wellensittichen nicht als Hindernis erkannt. Daher müssen sie immer als solches kenntlich gemacht werden, zum Beispiel durch Klebefolien.

Glasscheiben und Spiegel richtig sichern

Weder UV-Stifte noch das Anbringen von temporären Markierungen der Scheibe durch Post-its sichern Glasscheiben oder Spiegel zuverlässig! In einer Paniksituation kann es zu schlimmen Unfällen kommen. Es gibt drei Möglichkeiten, die den besten Schutz vor Anflugtraumata bieten. Die Vor- und Nachteile solltest du für dich abwägen.

Gardinen Sie haben den Vorteil, dass sie in der Regel ein kleines Stück von der Scheibe entfernt hängen und dadurch einen kleinen Puffer bilden. Allerdings sehen freche und neugierige Wellis die Gardinen häufig als Spiel- und Kletterplatz an. Je nach Stoff kann es passieren, dass sie mit ihren Krallen hängen bleiben und diese in der Panik abbrechen oder abreißen.

Jalousien Sie haben viele Vorteile: Zum einen gibt es sie in fast allen Farben und zum anderen hat man bei der Breite der Lamellen einen größeren Gestaltungsspielraum als bei Gardinen. Für Vogelhalter eignen sich Jalousien aus Aluminium oder PVC, da sie langlebig sind und sich leicht von Staub und Kot befreien lassen. Teilst du dir mit deinen Wellensittichen einen gemeinsamen Raum, musst du dir überlegen, ob dir die Lamellen nicht zu viel Tageslicht nehmen. Beim Kauf sollte man darauf achten, dass keine zinkhaltigen Materialien verwendet wurden und dass man die Zugbänder möglichst kurz aufwickeln kann. Fragt den Fachhändler am besten nach einer Kindersicherung für die Zugschnüre!

Klebefolien Sie haben den Vorteil, dass Wellensittiche dort nicht hängen bleiben können. Auch lassen sich die Scheiben weiterhin leicht reinigen (Gardinen und Jalousien sind wahre Staubfänger). Zudem wirken Klebefolien oft aufgeräumter und moderner, sie sind jedoch weniger lichtdurchlässig. Im Gegensatz zu den ersten beiden Varianten können sie nicht mal schnell beiseitegezogen werden, wenn sich die Wellensittiche im Käfig befinden.

Alle drei Varianten schließen Kollisionen mit der Scheibe nicht zu 100 % aus. Sie sind jedoch die sichersten Möglichkeiten, um seine Wellensittiche zu schützen! Auf Schnüre, Kordeln oder Zugbänder sollte man im Freiflugzimmer ebenfalls verzichten, da sich Wellensittiche darin verfangen und strangulieren können!

Do!

Halte bei Klebefolie unbedingt die Handflächenregel ein! Je geringer der Abstand ist, desto sicherer ist es.

Das Freiflugzimmer einrichten

Die Wahl des Zimmers

Vor dem Kauf ist eine der wichtigsten Fragen: In welchem Raum möchte ich meine Wellensittiche halten? Hierbei sind viele Dinge zu beachten, denn die Wellis werden vermutlich ihr ganzes Leben in diesem Raum verbringen. Die meisten Einsteiger würden ihre Wellensittiche gern im Wohnzimmer halten. Bei einem oder zwei Pärchen ist das auch mit der Lautstärke und der Verschmutzung kompatibel. Trotzdem musst du bei einer Wohnzimmerhaltung Rücksicht auf deine Tiere nehmen: Laute Partys, ausgedehnte Fernsehabende und viel Besuch stressen deine gefiederten Mitbewohner. Häufige Störungen der nächtlichen Ruhephasen wirken sich negativ auf das Wohlbefinden der Vögel aus.

Offene Küche?

Ist der Wohnraum mit einer offenen Küche verbunden, birgt dies Verletzungs- und Vergiftungsgefahren durch beschichtete Pfannen, Öfen, Reinigungsmittel sowie ungeeignete Lebensmittel. In solch einer Raumkonstellation sollte man daher besser keine Wellensittiche halten.

Lüften

Bei ganztägigem Freiflug wird gerade im Sommer das Lüften des Raums zur Herausforderung. Hat das Wohnzimmer eine Verbindung zum Balkon oder zu einer Terrasse, ist ein ganztägiger Freiflug ohne sichere und aufwendige Schleusenlösung selten möglich. Auch bei der Einrichtung musst du dich fragen, ob du im Wohnzimmer Kompromisse eingehen und Schäden an Mobiliar und Wänden akzeptieren kannst. Daher solltest du dein Wohnzimmer nur als Lebensraum für deine Wellensittiche wählen, wenn du bereit bist, dich über viele Jahre einzuschränken.

Don't

Für die Wellensittichhaltung sind Küchen, Kinderzimmer und Schlafzimmer grundsätzlich nicht geeignet.

Kriterien des Wellizimmers

Zudem sollte der Bereich der Wellensittiche einige Kriterien erfüllen. Neben der Größe des Raumes sind auch die Lichtverhältnisse wichtig. Das natürliche Tageslicht spielt eine wichtige Rolle, auch wenn in einer Wohnungshaltung eine UV-Lampe eingeplant werden sollte. Große Fenster und viel Helligkeit sind wichtig für die kleinen Australier. Obwohl Glasscheiben das UV-Licht filtern, ist das Tageslicht für das Zeitgefühl der Vögel relevant. Dunkle Räume oder nach Norden gerichtete Zimmer eignen sich daher nicht.

Ein separates Vogelzimmer kann komplett nach den Bedürfnissen der Wellensittiche eingerichtet werden.

Naturäste in unterschiedlicher Stärke dürfen nicht fehlen. Frische Äste der Korkenzieherhasel sind ideal.

An Ösen lassen sich Spielzeuge und Schaukeln schnell auf- oder umhängen. Tägliche Abwechslung ohne Aufwand!

> Wellensittiche sitzen gerne gemeinsam in Fensternähe. Daher sollen Sitzmöglichkeiten Platz für alle Schwarmmitglieder bieten.

∨ Hier können die Wellis auf einer Hängematte chillen.

In einem Freiflugzimmer fliegen manchmal nicht nur die Fetzen, sondern auch die Petersilie.

Spiel- und Landemöglichkeiten

Ein attraktiver Spielebereich animiert Wellensittiche zur Bewegung und beschäftigt sie gleichermaßen. Eine tolle Gestaltungsmöglichkeit sind Spielewände. Sie nehmen nicht viel Platz weg und reduzieren durch geschickte Anordnung der Elemente den Arbeitsaufwand für uns Menschen.
Eine Spielewand kann direkt über dem Käfig an der Wand befestigt werden oder aber über einem Sideboard. Auf dem Sideboard kannst du große Plastikschalen hinstellen, die nach Belieben mit unterschiedlicher Einstreu befüllbar sind. Neben einer weiteren Ebene mit Wühlkistencharakter erfüllen sie einen wichtigen Zweck als Kotauffangbehälter unter den Spielplätzen. Mit einem Handgriff kannst du die Schalen nehmen und direkt in einen Müllbeutel leeren; mit lauwarmem Wasser werden sie abgespült und neu befüllt - und violà, alles ist sofort wieder sauber!

Durchdacht platzieren

Es kostet Zeit und Arbeit, um das Freiflugzimmer sauber zu halten. Mit durchdachter Platzierung von Spielzeugen und Landeplätzen kann man den Dreck kanalisieren und den Putzaufwand reduzieren. Die Grundsätze beim Einrichten eines Vogelzimmers lauten daher:

1. Weniger ist mehr.
2. Nebeneinander statt übereinander, damit das untere Spielzeug nicht verkotet wird.
3. Abwechslung durch regelmäßiges Tauschen.

Um Spiel- und Landeplätze in die Spielewand zu integrieren, kannst du entsprechend große Bretter an der Wand anbringen. Mit kleinen Edelstahlösen an der Unterseite der Bretter hast du weitere Möglichkeiten, um Schaukeln, Schredderbälle oder anderes Spielzeug aufzuhängen, das nach Belieben (fast) täglich umgehängt werden kann. Auf den Brettern lassen sich Spiel- und Landeplätze aufstellen.

Vor- und Nachteile eines Vogelzimmers

Vielleicht klingt die Idee für dich im ersten Moment absurd, aber sogenannte Vogelzimmer werden bei Wellensittichhaltern immer beliebter. Die Vorteile eines eigenen Zimmers für deine gefiederten Mitbewohner liegen klar auf der Hand: Die Wellensittiche können den ganzen Tag frei fliegen, dadurch wird eine vogelgerechte Haltung in der Wohnung möglich. Bei der Raumausstattung und der Einrichtung des Vogelzimmers kannst du auf die Bedürfnisse der Tiere eingehen. Doch nicht nur für die Wellensittiche hat ein eigenes Zimmer positive Effekte, sondern auch für die Halter. Der Wohnbereich gehört voll und ganz der Familie, sowohl in akustischer Hinsicht als auch unter dem Aspekt der Sauberkeit.

Allerdings muss das Vogelzimmer auch umsetzbar sein und der Raum sollte den Anforderungen der Wellensittiche gerecht werden. Die Umbaukosten sind auch nicht zu vernachlässigen, ebenso wenig wie der Putzaufwand für ein Zimmer, in dem sich die Tiere den ganzen Tag frei bewegen. In kleineren Wohnungen kommt hinzu, dass der Platz möglicherweise an anderer Stelle fehlt (beispielsweise kein Raum für das Homeoffice oder ein weiteres Kinderzimmer).

Do!

Wähle einen glatten Hartbodenbelag. Auf Teppichboden solltest du aus hygienischen Gründen im Freiflugbereich verzichten.

Den richtigen Vogelkäfig finden

→ Der Vogelkäfig zählt zu den teuersten Anschaffungen, weshalb man einige Dinge beachten sollte, damit er sich später nicht als Fehlkauf herausstellt. Bei Wellensittichen, die in der Natur als Nomaden durch das Land ziehen und viel Platz benötigen, ist ein großer Käfig selbst bei ganztägigem Freiflug unverzichtbar.

Die Käfiggröße

Frage dich, wie viele Wellensittiche du halten möchtest und wie viele Stunden am Tag die Vögel Freiflug bekommen. Die Mindestanforderungen für ein Wellensittichpärchen legt das Bundesministerium für Ernährung und Landwirtschaft (BMEL) auf 1,0 x 0,5 x 0,8 (Länge x Breite x Höhe in Metern) fest. Für jedes weitere Paar sollte man die Grundfläche um 50 % erweitern. Käfige in einem solchen Format gibt es im Handel selten zu kaufen. Gute Modelle findest du im Internet in Onlineshops, die sich auf Sittiche und Papageien spezialisiert haben.

Für Wellensittiche darf der Gitterabstand nicht größer als 1 cm sein. Generell sollte der Käfig breiter als hoch sein. Die sogenannten „Hubschraubervolieren" scheinen zwar den Vögeln viel Platz zu bieten und lassen sich gut in kleine Zimmer integrieren, doch die Wellensittiche können darin nicht fliegen. Der Platz nach oben und unten ist verschenkter Raum.

Zum Schutz der Tapete befindet sich eine Plexiglaswand hinter dem Käfig.

Do!

Spare nicht am falschen Ende! Ein guter Käfig für ein bis zwei Wellensittichpärchen kostet ca. 350 Euro. Er hält bei regelmäßiger Pflege aber auch über 15 Jahre lang und bietet deinen Vögeln ein sicheres Zuhause. Es gibt auch Käfige, die sich erweitern und verbinden lassen.

Wähle ein Käfigmodell, das sich gegebenenfalls auch um weitere Elemente ergänzen lässt.

Das Material

Neben der Käfiggröße sind die Qualität und die Materialien zwei weitere wichtige Aspekte. Leider sind viele im Zoofachgeschäft erhältliche Käfige nicht nur viel zu klein, sondern zudem entweder verzinkt oder lackiert. Beides ist hochgradig gesundheitsschädigend für Wellensittiche. Auch auf die Verarbeitung solltest du achten. Streiche nach Erhalt deines Käfigs alle Elemente innen und außen mit den Fingern ab, um zu prüfen, ob scharfe Kanten vorhanden sind, an denen sich deine Vögel verletzen könnten.

Elemente und Eigenbau

Entscheidet man sich für eine Zimmervoliere, kann man auf fertige Bauelemente aus Aluminium oder Edelstahl zurückgreifen. Diese sind recht kostspielig, dafür können sie an die räumlichen Gegebenheiten angepasst werden. Bist du handwerklich geschickt, kannst du auch selbst eine Voliere bauen. Verwende für die Gitter ausschließlich Aluminium oder Edelstahl. Bedenke bei Holzrahmen, dass sie sich schwer reinigen und von Exkrementen und Frischkostresten befreien lassen. Da Holzelemente bevorzugt angeknabbert werden, sollte man auf eine Lackierung verzichten. Daher muss der Holzrahmen bei dieser Lösung regelmäßig ersetzt werden. Der Vorteil bei selbst gebauten Volieren ist jedoch die individuelle Anpassung an die Raumgegebenheiten (zum Beispiel Dachschrägen oder integrierte Vorsprünge).

Mein Tipp

In Wellensittichforen, Blogs und Social Media-Gruppen engagierter Halter sieht man viele Beispiele guter Käfigmodelle. Bitte dort um eine Empfehlung oder lies dir die Erfahrungsberichte durch, bevor du einen Käfig kaufst.

Abwechslungsreiche Käfigeinrichtung

Sitzstangen, Spielzeug und Co.

Lange vorbei sind die Zeiten, in denen zwei gedrechselte Sitzstangen, ein Spielzeug und ein Plastikkumpel die ganze Käfigausstattung darstellten! Heute sind Käfige und Volieren wahre Paradiese für Wellensittiche, die mit natürlichen Materialien für abwechslungsreiche Beschäftigung sorgen.

Neben Sitzstangen aus unterschiedlich dicken Ästen sind Brücken und Sitzbretter eine willkommene Gelegenheit für viele Wellensittiche, um sich tagsüber auszuruhen. Gleichzeitig schaffen sie mehrere Ebenen im Käfig, auf denen Wühlkisten & Co angeboten werden können. Auch Spielzeuge aus Kork, Balsaholz, Weide und Pappe wecken die Neugier der kleinen Australier. Im stationären Handel sind leider wenig gute Spielzeuge zu finden. Daher schaut man besser bei Onlineshops für Sittiche und Papageien nach geeigneten Beschäftigungsmöglichkeiten oder bastelt sie selbst (Kapitel 3, siehe S. 72 und 74).

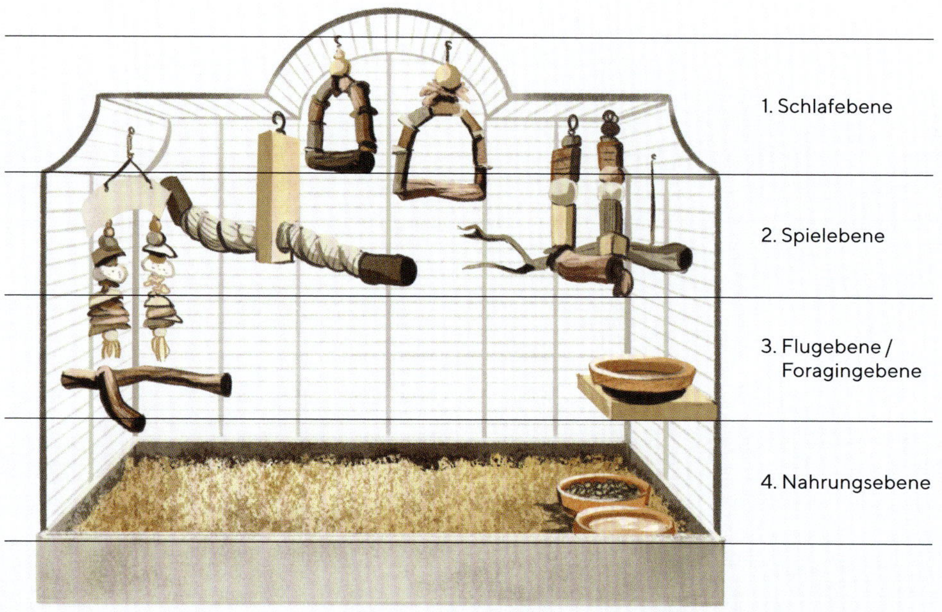

Mit einem Ball aus bunten Papierschnipseln beschäftigen sich Wellensittiche tagelang.

Durch die Käfigeinteilung werden auch unbeliebte Bereiche, wie der Boden, sinnvoll genutzt.

Alle Vogelspielzeuge sollten keine losen und langen Schnüre oder Schlaufen haben, da sich die Tiere darin verheddern und strangulieren können! Auch wenn sie im Handel angeboten werden, nimm eine Schere und schneide die Schnüre ab.
Nistkästen gehören nicht zur Käfigausstattung. Auch andere Dinge, die als Nistgelegenheiten genutzt werden könnten, sollten dringend vermieden werden! Selbiges gilt auch für Vogelspielzeug, das als tierschutzwidrig eingestuft worden ist. Dazu gehören gedrechselte Stangen, Plastikstangen, Sandpapierstangen, Spiegel, Plastikvögel, verzinkte Ketten und Glöckchen, Spielsachen mit Kleber, Silikonen oder giftigen Farben sowie offene Futterspender!

Käfigeinteilung

Zwar sollten Wellensittiche den größten Teil des Tages außerhalb des Käfigs verbringen dürfen, dennoch stellt der Käfig einen wichtigen Rückzugsort für die Tiere dar. Seine Einrichtung sollte darauf ausgelegt sein, dass er mehrere Funktionen erfüllt: Fressen, Schlafen, Spielen und Entdecken.

Am besten teilst du deinen Käfig gedanklich in vier Ebenen auf:

1. Schlafebene Das obere Viertel ist den Schlafschaukeln vorbehalten. Das Käfigdach dient zur Aufhängung größerer Spielzeuge.

2. Spiel- und Aufenthaltsebene Unter der Schlafebene befinden sich Spielzeuge, Sitzstangen, Brücken und Äste.

3. Flug- und Foragingebene Der Bereich unter den Sitzstangen sollte nur am Rand mit Sitzbrettern oder leicht zu reinigenden Ästen ausgestattet werden, um den Vögeln ausreichend Platz zum Fliegen zu lassen. Die Brettchen schaffen eine weitere Ebene, auf der sich Schalen als Wühlkisten platzieren lassen.

4. Nahrungsebene Die Bretter haben die Aufgabe, das Futter und Wasser auf der untersten Ebene vor Verschmutzung zu schützen.

Weniger ist mehr! Oft hängen zu viele Dinge im Käfig. Dadurch nehmen wir unseren Vögeln die Bewegungsfreiheit und der Käfig lässt sich schlechter sauber halten.

Do!

Auch der Standort des Käfigs ist wichtig. Suche einen hellen und stabilen Ort auf Augenhöhe aus. Um dem Sicherheitsgefühl der Wellensittiche nachzukommen, muss der Käfig mindestens mit einer Seite an einer Wand stehen.

Kauf, Eingewöhnung und erster Freiflug

Kauf

Es ist so weit: Die Entscheidung, Wellensittiche in dein Leben zu lassen, ist gefallen und alle Vorbereitungen sind getroffen. Jetzt fehlen nur noch die gefiederten Familienmitglieder. Doch wo bekommt man Wellis her?

Zoofachgeschäft

Sicher kommt dir gleich eine Zoofachhandlung in den Sinn, doch die Qualität ist leider sehr unterschiedlich. Achte daher auf saubere und schön eingerichtete Verkaufsvolieren. Lass dich von fachkundigem Personal beraten und schau dir die Wellensittiche genau an. Sei dir bewusst, dass in großen Zooketten die Tiere häufig über Großhändler kommen. Nicht selten ist „Ausschussware" von Züchtern aus der Region dabei, die hier ihre Küken oder Alttiere verkaufen. Das muss nicht zwingend bedeuten, dass die Vögel krank sind, aber die Wahrscheinlichkeit für einen Laien, einen kranken oder alten Vogel zu erwischen, ist hoch.
Kaufe niemals Tiere aus Mitleid! Bitte nach dem Beratungsgespräch um etwas Bedenkzeit. Kaufe auch keine Tiere unbedacht im Internet oder in Baumärkten!

Züchter

Auch hier ist die Qualität sehr unterschiedlich, da es seit dem Wegfall der Zuchtgenehmigung keine gesetzlichen Regelungen mehr gibt. Eine große Zuchtanlage und viele Preise bei Ausstellungen haben keine Aussagekraft in Bezug auf die Gesundheit der Vögel. Auch kleinere Züchter können in liebevoller Hobbyzucht gute Ergebnisse erzielen. Ein guter Züchter ist stolz auf seine Zucht und zeigt dir gerne die Zuchtanlage, seine Vögel und beantwortet dir alle Fragen zu den Elterntieren!

Handzahme Wellensittiche?

Du solltest dich vor Lockangeboten von Züchtern hüten, die handzahme Wellensittiche anpreisen, denn Wellensittichküken haben anfangs noch einen natürlichen Duckreflex. Das nutzen unseriöse Züchter aus, um dir angeblich superzahme Wellensittiche zu überteuerten Preisen anzubieten. Die Zahmheit verschwindet in der Regel nach der zehnten Lebenswoche und die traumatisierten Vögel nehmen vor ihren Besitzern Reißaus. Das Schlimmste ist jedoch, dass diese viel zu jungen Vögel oftmals zum Zeitpunkt des Verkaufs noch nicht futterfest sind! Küken werden nach dem Verlassen der Bruthöhle noch ein paar Wochen von den Elterntieren zugefüttert. Daher Finger weg von Küken unter zehn Wochen!

Tierheime und Pflegestellen

Zu jeder Jahreszeit, besonders aber in den Sommerferien, quellen Tierheime und Pflegestellen vor Abgabewellensittichen über. Entgegen vieler Erwartungen landen leider auch sehr viele Jungtiere von überforderten oder gelangweilten Besitzern in der Vermittlung.
In Tierheimen und engagierten Pflegestellen steht man dir auch lange nach der Übernahme für Rückfragen zur Verfügung (siehe S. 80).

Die drei sind „Second hand"-Wellensittiche aus privaten Abgaben. Sind sie nicht herzallerliebst?

Eingewöhnung

Sind die Wellensittiche im neuen Zuhause angekommen, müssen sie sich erst einmal eingewöhnen. Ein neuer Käfig, eine neue Umgebung und viele neue Eindrücke schüchtern sie ein. Am besten reduziert man den Kontakt in den ersten Tagen auf die nötige Versorgung, damit sie sich entspannen und den neuen Käfig erkunden können. Mit ruhigen Tätigkeiten wie Lesen oder eine ruhige Unterhaltung kannst du sie an dich gewöhnen. Widerstehe der Versuchung, die Wellensittiche zu bedrängen, indem du in den Käfig greifst!

Erster Freiflug

Nach ein paar Tagen wird es spannend, denn der erste Freiflug steht an! Sei nicht enttäuscht, wenn sich die Wellensittiche anfangs nicht aus ihrem Käfig trauen. Mit einer Anflugklappe oder einem Brettchen vor der Käfigtür erleichterst du ihnen den Ein- und Ausstieg, und mit Hirse oder anderen Leckereien kann man sie motivieren, das Zimmer zu erkunden.

Am besten legst du den ersten Freiflug auf einen Tag, an dem du viel Zeit hast und dabei sein kannst. Extrovertierte Wellensittiche suchen sich schnell den Weg ins Freie und wollen dann abends nicht mehr zurück in den Käfig. Auch hier ist Geduld gefragt.
Bietest du das Futter morgens außerhalb und abends innerhalb des Käfigs an, gewöhnen sich die Wellensittiche nach ein paar Tagen daran, tagsüber den Freiflug zu genießen und abends von allein in den sicheren Käfig zurückzukehren.

Don't

Lasse deine Wellensittiche in der Dunkelheit nicht außerhalb des Käfigs. Ein nächtlicher Panikflug im Zimmer endet oft tödlich!

Wellen-sittiche

halten und pflegen

Geeignetes Körnerfutter

Mehlhaltige Saaten

Unter mehlhaltigen Saaten versteht man Saaten mit einem hohen Anteil an Kohlenhydraten und einem geringen Anteil an Fetten. Zu diesen zählen beispielsweise alle Hirsesorten, Kanariensaat (auch als Spitzsaat oder Glanz bezeichnet), Hafer, Amarant, Quinoa oder Buchweizen. Diese Saaten bilden die Basis einer Wellensittichfuttermischung. Die Körner sind sättigend, leicht verdaulich und für die Vögel leicht zu entspelzen. Im stationären Handel findet man häufig Futtermischungen, die zu 100 % aus Mehlsaaten bestehen. Diese sollte man nicht als Alleinfuttermittel verwenden, da sie in ihrer einseitigen Zusammensetzung bei dauerhafter Gabe Mangelerscheinungen hervorrufen können und zudem nicht dem natürlichen Nahrungsangebot wild lebender Wellensittiche entsprechen.

Verzichte auf Wellensittichfutter, das Bäckereinebenerzeugnisse, Honig, Zucker oder bunte Vitaminperlen enthält!

Ölhaltige Saaten

Ölhaltige Saaten zeichnen sich dadurch aus, dass sie einen höheren Anteil an (ungesättigten) Fettsäuren haben. Der genaue Fettgehalt ist art- und sortenspezifisch. Zu den ölhaltigen

Ein abwechslungsreiches Körnerfutter bildet die Ernährungsgrundlage bei Wellensittichen.

Grassamen und Kräuter sind wichtige Bestandteile. Grit und Magensteinchen müssen auch angeboten werden.

An einer Schale am Boden können mehrere Wellis gleichzeitig fressen, ohne dass es zu Streit kommt.

Saaten zählen die meisten Kräuter- und Unkräutersamen, wie beispielsweise Basilikum-, Fenchel- oder Brennnesselsamen. Sie sind meistens kleiner und enthalten viele wichtige Mineralstoffe und Spurenelemente. Da viele Ölsaaten oftmals einen hohen Energiegehalt haben, solltest du eine Futtermischung wählen, bei der das Verhältnis von Mehl- zu Ölsaaten zum aktuellen Gesundheits- und Fitnesszustand deiner Wellensittiche passt.

Grassamen und andere getrocknete Bestandteile

Grassamen bilden in der freien Wildbahn einen wichtigen Nahrungsbestandteil. In der Natur fressen Wellensittiche Grassamen in allen Reifestadien. In Futtermischungen sind sie nur in getrockneter Form vorhanden. Da Grassamen sehr fein und die übrigbleibenden Spelzen verhältnismäßig groß sind, gewinnt man schnell den Eindruck, Wellensittiche würden die Grassamen nicht anrühren. Ihre Schnäbel sind aber perfekt an das Entspelzen von Grassamen angepasst. Enthält deine Futtermischung zu wenig Grassamen, kannst du sie bei gut sortierten Futterhändlern separat kaufen. Beliebt bei Wellensittichen sind die Samen von Knaul- sowie Schwingelgräsern, Delicha, Pagima Green oder Rispengräsern. Gute Futtermischungen beinhalten zudem noch weitere getrocknete Bestandteile, wie Kräuter, Unkräuter oder Blüten. Oregano, Basilikum, Vogelmiere oder Kamillenblüten, um einige Beispiele zu nennen, werden positive Effekte auf die Vogelgesundheit zugeschrieben. Die Akzeptanz getrockneter (Un-)Kräuter ist von Vogel zu Vogel verschieden. Wellensittiche haben einen Muskelmagen, der mithilfe von Grit und Magensteinchen die Körner zu einem verdaulichen Brei verarbeitet. Grit, Magensteinchen sowie Mineral- und Lehmsteine gehören daher unbedingt zur Fütterung dazu. Am besten in einem separaten Napf zur freien Verfügung anbieten!

Mein Tipp

Je abwechslungsreicher gefüttert wird, desto besser. Das beugt einseitigen Futterpräferenzen und Mangelerscheinungen bei Wellensittichen vor. Variiere ruhig ein wenig in der Zusammensetzung und lasse dich nicht entmutigen, wenn Neues erst einmal verschmäht wird.

Frischkost Gemüse, Kräuter & Co.

→ Frischkost gehört zu einer guten und artgerechten Fütterung von Wellensittichen dazu und sollte mehrmals in der Woche die trockenen Körnermischungen ergänzen. Was Wellensittiche nicht kennen, fressen sie nicht! Zumindest vorerst. Daher lasse dich nicht entmutigen und biete regelmäßig Grünzeug an.

Gemüse und Kräuter

Gemüse und Küchenkräuter bringen nicht nur Vitamine und Nährstoffe mit, sondern sind auch eine willkommene Abwechslung im Speiseplan. Beliebte Gemüsesorten und kleine Kräutertöpfchen sind leicht im Handel zu bekommen. Achte auf ungespritzte Bio-Ware und wasche die Frischkost vor dem Verfüttern gut ab. Auf die Gabe von fruchtzuckerhaltigem Obst sollte möglichst verzichtet werden.
Wer einen Garten oder einen Balkon hat, kann für seine Wellensittiche zum Beispiel Basilikum, Salate oder Minigurken selbst anbauen. Sogar Gräser oder Hirse lassen sich erfolgreich im Topf ziehen. Frisch geerntet und frei von Pestiziden sind sie ein gesunder Snack. Verfüttere niemals Avocado an deine Vögel,

Frisches Basilikum wird von den meisten Wellis geliebt. Der Weidenring bietet mehreren Tieren Platz.

Das fressen Wellis besonders gern

- Gurken
- Karotten
- Fenchel
- Paprika
- Salate
- Basilikum
- Vogelmiere
- Hirtentäschelkraut
- Halbreife Gräser
- Halbreife Hirse

Keim- und Quellfutter ist reich an Vitaminen und Enzymen. Die weichen Körner werden sehr gerne von den Wellensittichen gefressen.

denn sie sind giftig für sie! Auch Bohnen, Zwiebeln, Knoblauch, Spargel, Pilze oder Kohl sind ungeeignet. Schokolade, Gebäck, Süßigkeiten sowie Käse- oder Wurstwaren haben in den Futternäpfen unserer Tiere selbstverständlich nichts zu suchen.

Bald entfernen

Sowohl Gemüse als auch Kräuter sind schnell verderblich und sollten immer nur kurze Zeit angeboten werden, bevor man sie wieder entfernt. Es hat sich bewährt, die Frischkost morgens vor dem Auffüllen der Futternäpfe anzubieten und nach circa einer Stunde wieder zu entfernen.

Do!

Nimm spezielle Keimfuttermischungen, die sich aus schnell keimenden Saaten zusammensetzen. Hauptfuttermischungen sind ungeeignet, denn sie enthalten meistens Komponenten wie Gemüse oder Kräuter, die im feuchten Milieu leicht schimmeln.

Keim-, Quell- und Kochfutter

Eine Alternative zu Gräsern, Kräutern oder Gemüse sind Keim-, Quell- oder Kochfutter. Beim Quellfutter lässt man die Keimfuttermischung nur über Nacht im Wasser quellen. Keimfutter hingegen muss zusätzlich ein paar Tage keimen. Bei diesem Vorgang verändern sich die Nährstoffe in den Körnern und es bilden sich viele Vitamine und Enzyme. Da Quell- und Keimfutter schnell verderben, ist Keimfutter eher etwas für die kalte Jahreszeit, wenn auf dem Balkon und in der Natur nichts mehr wächst. Achtung! Bei zu häufiger Gabe kann Keimfutter bei Weibchen zur Brutigkeit führen.

Kochfutter

Beim Kochfutter kocht man Saaten und Gemüse. Das Futter ist dadurch leichter verdaulich und wird selbst von schwachen und kranken Wellensittichen gut aufgenommen. Damit der Wellensittich das Futter im Krankheitsfall annimmt, sollte man es in regelmäßigen Abständen anbieten. Denn was der Wellensittich nicht kennt ... du weißt schon!

---

001 **Keimfutter für Wellensittiche**
Im Film wird gezeigt, wie man Keim- und Quellfutter herstellt.

Gutes aus der Natur

→ Bei Spaziergängen juckt es einen in den Fingern, seinen Wellis Äste und Gräser mitzunehmen. Grundsätzlich ist es eine gute Idee, mit natürlichen Materialien für Abwechslung zu sorgen, aber man sollte einiges beachten.

Äste und Zweige

Frische Äste und Zweige sind bestens als tiergerechte Sitzstangen geeignet und sollten in keinem Vogelhaushalt fehlen. Je unregelmäßiger der Ast, desto besser: Dicke und dünne Zweige fördern die Fußgesundheit bei Wellensittichen und sorgen zudem für Beschäftigung. Trau dich ruhig, auch dünne Zweige anzubieten! Am besten eignen sich Korkenzieherhasel oder ungespritzte Obstbäume. Achte bei den Baumarten auf den Gerb- oder Salicylsäuregehalt sowie Harze. Frische Äste von Tanne, Walnuss oder Weide eignen sich nicht dafür. Bevor du die Zweige anbietest, solltest du die Blätter entfernen und sie gründlich waschen. Danach müssen die Äste gut durchtrocknen. Diese Maßnahmen reduzieren das Risiko, dass du dir Krankheiten von Wildvögeln oder Ungeziefer in die Wohnung holst.

Do!

Frisch geerntete Gräser unter fließendem Wasser abspülen und gleich verfüttern. Ist es gewünscht, die Gräser über einen längeren Zeitraum zu bevorraten, sollte man sie nach dem Pflücken portionsweise einfrieren.

Gräser

In unseren Breiten wachsen ab Frühling viele Gräser, die für Wellensittiche geeignet sind. Diese fünf Grasarten sind leicht zu bestimmen.

1 **Knaulgras** Der Blütenstand besteht aus einer echten Rispe mit einem Ast pro Ansatzstelle. Die Ährchen sind grannenspitzig und sehen aus wie kleine Knäuel. Eine Verwechslungsgefahr mit giftigen Doppelgängern gibt es nicht. Die Blütezeit ist von Mai bis in den Spätsommer, in milden Gebieten sogar bis Dezember.

2 **Deutsches Weidelgras** Die Ähren sind unbegrannt und liegen mit der schmalen Seite an der Halmachse. Eine Verwechslungsgefahr durch einen giftigen Doppelgänger gibt es nicht. Blütezeit: von Mai bis in den Herbst.

3 **Flughafer** Die charakteristisch-filigranen Halme besitzen drei bis fünf Knoten. Die Pflanze erinnert vom Aussehen stark an den bekannten Saathafer. Blütezeit: Juni bis August.

1

2

3

4

5

4 Hühnerhirse Von einer meist stark verzweigten Basis gehen mehrere steife und kräftige Halme ab. Der etwa zehn Zentimeter lange Blütenstand besteht aus leicht nach unten hängenden, traubigen Teilblütenständen. Von diesen gehen wiederum die Ährchen in kurzen traubenförmigen Gruppen ab. Ab Juli können halbreife Samen geerntet werden. Je nach Witterung kann man bis in den Oktober hinein ausgereifte Samenstände pflücken.

5 (Rote) Borstenhirse Charakteristisch ist der walzenförmige, aufrecht und dicht rispige Blütenstand, der eine Länge von 2 bis 15 Zentimeter hat. Bei der Roten Borstenhirse wird der Blütenstand von gelben bis fuchsroten Borsten umgeben. Bei der Grünen Borstenhirse sind die langen Borsten grün bis grünlich-gelb.

Mein Tipp

Wer keinen eigenen Garten hat, kann im Frühjahr oder Herbst bei Gartenbesitzern oder in Kleingartenanlagen nach Baumschnitt fragen. Gärtner sind froh, wenn sie mit ihren Schnittresten Tierhaltern einen Gefallen tun können! Von ihnen erfährst du, ob das Gehölz gespritzt wurde.

Futter-management

→ Bestimmt fragst du dich, warum Fütterungstechniken so entscheidend für die Gesundheit sind. Man könnte das Futter ja auch einfach in einem Spender anbieten und Frischfutter dazu stellen. Warum also den Aufwand eines Futtermanagements betreiben?

Futterpräferenzen vermeiden

Wer bisher die Näpfe seiner Wellensittiche randvoll gefüllt hat, in dem Glauben, dass die Tiere sich schon nehmen würden, was sie brauchen, der sollte zum Wohl seiner Vögel umdenken! Wellensittiche tendieren dazu, sich einseitig zu ernähren und bilden unter diesen Umständen zudem starke Futterpräferenzen. Große, energiereiche Körner werden bevorzugt – für Tiere in der freien Wildbahn selbstverständlich, da das Futterangebot im Outback oft rar ist. Also stopfen sich die Wellis den Kropf voll, schließlich wissen sie ja nicht, wann sie das nächste Mal Futter finden. Dieses Fressverhalten haben unsere domestizierten Wellensittiche immer noch inne. Überfütterung und Futterselektion können dauerhaft zu gesundheitlichen Problemen führen. Organverfettungen, Fettlipome oder Ballengeschwüre aufgrund von Übergewicht bis hin zum Verlust der Flugfähigkeit sind nur einige Beispiele, die die Vogelgesundheit beeinträchtigen.

Mein Tipp

Zur Rationierung des Futters nimmt man am besten eine Gewürz- oder Apothekenwaage. Man startet mit 10 – 12 Gramm pro Tag und Tier. Messlöffel sind ungeeignet, da der Energiegehalt und das Volumen je nach Futtermischung schwanken.

Fütterungstechniken

1. Füttern „am Bedarf" bedeutet, dass im ersten Schritt über Wochen hinweg ermittelt wird, wie viel Gramm die eigenen Wellensittiche am Tag im Schnitt fressen und wiegt es dann ab. Die angebotene Futtermenge sollte so kalkuliert sein, dass am Ende des Tages nur noch ein paar Körner im Napf liegen. Die Wellensittiche sollten auf keinen Fall hungern, aber über den Tag verteilt auch die mageren Saaten und Gräser aufnehmen. Erst wenn alles gefressen wird, können die positiven Effekte einer vielfältigen Futtermischung greifen und die Vögel mit allen Nährstoffen versorgen, die sie benötigen! Es ist empfehlenswert, die Tagesmenge auf zwei Portionen aufzuteilen und jeweils

Gut gemeint ist nicht gut gemacht: Bei zu vollen Näpfen wird zu viel gefressen und meist stark selektiert.

morgens und abends zu geben. So behältst du einen besseren Überblick, ob die Portionsgrößen passen oder ob sie nach oben oder unten korrigiert werden müssen.

2. Feste Fütterungszeiten erleichtern das Handling und geben den Wellensittichen eine gewisse Struktur und Zuverlässigkeit. Bei der Fütterung kannst du deine Vögel genau beobachten: Bleibt eines deiner Tiere den frisch aufgefüllten Näpfen fern, kann dies ein erster Hinweis auf eine Erkrankung sein. Ein weiterer positiver Effekt ist, dass sich die Wellensittiche bei ganztägigem Freiflug alle zeitgleich zum Fressen im Käfig versammeln und vor allem dann praktisch, wenn man das Zimmer lüften oder die Vögel zur Nacht im Käfig haben möchte.
3. Für Abwechslung im Napf kannst du sorgen, indem du dem Hauptfutter einige Einzelkomponenten wie Gras- und Wildsamen oder Hirsearten in unterschiedlichen Mischverhältnissen hinzufügst. Mit ein paar frischen Kräutern und Unkräutern sowie Gemüse lässt sich der tägliche Speiseplan varriieren.
4. Futterspiele oder „Foraging" zielen darauf ab, dass sich deine Wellensittiche ihr Futter erarbeiten. Du kannst die Futternäpfe beispielsweise an unterschiedlichen Stellen im Freiflugzimmer oder im Käfig verteilen. Die Futtermenge wird dabei nicht erhöht, sondern auf mehrere Schalen und Näpfe aufgeteilt. Die Wellensittiche müssen sich ihr Futter zusammensuchen.

Don't

Randvolle Näpfe führen zu Futterpräferenzen, bei denen Wellensittiche sich zu einseitig ernähren. Dabei nehmen sie meist sehr viel Fett und zu wenig Vitamine und Calcium auf. Haben Wellensittiche erst einmal gewisse Präferenzen ausgebildet, wird eine spätere Futterkorrektur mitunter erschwert.

Kekse, Cracker & Co.

selber machen

Do!

Besser ist es, wenn du Cracker & Co. selbst bäckst, anstatt industriell hergestellte zu kaufen. Diese Rezepte kannst du mit diversen Kräutern oder Saaten beliebig erweitern.

Das brauchst du:

Kartoffelkekse:

1 1 lauwarme kleine Pellkartoffel
2 1 Karotte
3 2 – 3 EL Körner

Knabberstangen:

4 1 Ei
5 100 g Mehl
6 Körnerfutter

Außerdem:

7 1 Schüssel zum Zusammenmengen
8 1 Holzstab
9 den Backofen

So wird's gemacht:

Kartoffelkekse

Zerstampfe die Kartoffel und mische sie mit dem Körnerfutter. Die entstandene Masse kannst du um weitere Zutaten wie verschiedene Hirsesorten, Amarant, Karottenstückchen, Fonio Paddy, Knaulgras und vieles mehr erweitern. Du kannst auch Kräuter untermischen. Forme aus dem Teig kleine Kugeln oder steche kleine Kekse aus. Lass die Kekse dann bei ca. 100 °C im Ofen trocknen, bis sie hart sind. Verfüttere sie innerhalb einer Woche.

Knabberstangen

Das Ei mit dem Mehl vermischen und dann so viel Körnerfutter unterheben, bis eine zähe Masse entstanden ist. Das Ei-Mehl-Gemisch stellt nur den „Kleber" dar, daher sollten die Körner nur von einer dünnen Schicht Teig umgeben sein. Forme jetzt die Knabberstange mit den Händen und drücke mittig einen Holzstab hinein. Dieser sollte ein Stück aus der Knabberstange herausschauen, damit du das Leckerli später am Gitter befestigen kannst. Je nach Dicke der Knabberstange muss sie für ca. 10 – 20 Minuten bei 180 °C (150 °C Umluft) gebacken werden. Die Knabberstange ist fertig, wenn sie eine goldbraune Farbe angenommen hat und der Teig hart geworden ist.

Variante Du kannst auf die Vorlieben deiner Wellis eingehen und das Rezept um Kräuter, Trockengemüse und allerlei Saaten erweitern. Wie wäre es mit Leinsaat und Sesam?

Hygiene und Sauberkeit

→ Hygiene und Sauberkeit sind unliebsame Themen, die unweigerlich dazugehören und einen Großteil der Wellensittichhaltung ausmachen. Von Einsteigern wird oft unterschätzt, wie viel Schmutz und Arbeit so kleine Vögel machen. Auf vielen Bildern und in Videos sieht alles schön und sauber aus. Die Arbeit und der tägliche Zeitaufwand, die dahinterstecken, erkennt man als Laie oft nicht. Dieser enorme Aufwand ist auch einer der häufigsten Abgabegründe, die von überforderten Haltern genannt werden.

→ Rechne damit, dass du über viele Jahre vom täglichen Putzen nicht verschont bleibst! Kalkuliere rund 30 Minuten pro Tag für die oberflächliche Reinigung ein und 3–4 Stunden wöchentlich für die Grundreinigung.

Putzplan

Täglich

- Zweimal täglich Futter- und Trinknäpfe austauschen, abkochen und 48 Stunden trocknen lassen
- Sand/Einstreu bei Bodenfütterung erneuern, ansonsten alle zwei Tage
- Verkotete Stangen, Schlafschaukeln und Lieblingsplätze im Käfig reinigen, die täglich genutzt werden
- Spelzen und Federn mit Staubsauger oder Besen beseitigen

Wöchentlich

- Käfiggitter abwischen
- Bodenschalen heiß auswaschen
- Spielplätze reinigen
- gesamte Einrichtung im Käfig mit heißem Wasser abschrubben
- Kissen, Gardinen, Rollos, Lampen, Schränke, Polsterbezüge und anderes Mobiliar im Zimmer von Staub und Kot befreien
- Boden im Zimmer wischen

Jährlich

- Möbel abrücken und dahinter putzen
- Käfige oder Voliere auseinanderbauen und alle Einzelteile gründlich abwaschen

Ein sauberes Zimmer erfreut Mensch und Tier gleichermaßen und ist Grundlage für die Erhaltung der Gesundheit.

Für die Gesundheit

Regelmäßiges Putzen ist nicht nur ein optisches Muss in der Wohnungshaltung, sondern vor allem ein gesundheitliches – für Mensch und Tier! Zersetzter Vogelkot, Federbruch oder Sandstaub lagern sich in der Lunge ab und können im Extremfall zu Atemproblemen oder allergischen Reaktionen führen. Den Vögeln selbst geht es in Innenräumen, die wegen des täglichen Freiflugs oft unzureichend gelüftet werden, nicht besser: Auch bei ihnen sammelt sich der Feinstaub in den Atemwegsorganen.

Für die Reinigung

Zum Reinigen reichen in der Regel heißes Wasser und ein Mikrofasertuch sowie für angetrocknete Verschmutzungen ein Schwamm und eine Bürste. Bitte verwende keine Chemikalien oder scharfe Putzmittel, da sie die Gesundheit deiner Wellensittiche gefährden. Muss etwas desinfiziert werden, so wende das Desinfektionsmittel immer außerhalb des Vogelzimmers an, lass das behandelte Teil einen Tag durchtrocknen und spüle es sicherheitshalber noch einmal mit heißem Wasser ab.

Einstreu wechseln

Wellensittiche haben einen sehr trockenen Kot. Dieser zersetzt sich bei Zimmertemperatur sehr schnell, sodass nach wenigen Tagen nur noch der weiße Urinanteil übrig bleibt. Der Kotanteil lagert sich als feiner Staub überall ab und wird von Mensch und Tier eingeatmet. Daher sollte man alle ein bis zwei Tage die Einstreu wechseln – egal, wie viele Wellensittiche man hält!

Mein Tipp

In der Wohnungshaltung lohnt sich die Anschaffung eines Luftreinigers mit Hepa- und Kohlefilter, um auch feinste Teilchen aus der Luft zu filtern. Unabhängig davon ist das tägliche, gründliche Lüften des Zimmers sehr wichtig, am besten morgens und abends, wenn die Wellis im Käfig sind.

Einstreu Arten & Anwendung

→ Die verwendete Einstreu im Käfig ist nicht nur dazu da, Hinterlassenschaften aufzunehmen, sondern hat auch einen nicht zu unterschätzenden Beschäftigungswert für die Wellensittiche. Jede Einstreu hat ihre Vor- und Nachteile.

Sand

Vogelsand ist der Klassiker unter den Einstreuarten für Wellensittiche. Ihn gibt es in diversen Körnungen, Farben sowie mit und ohne Anisnote. Sand lässt sich gut auf dem Käfigboden verteilen, der Verbrauch ist sparsam und große Gebinde kosten verhältnismäßig wenig. Die Hemmschwelle, den Sand täglich auszuwechseln, ist daher sehr gering.

Mein Tipp

Um die Staublast zu verringern, wählt man am besten weißen, grobkörnigen Papageiensand. Die Steinchen sind schwerer und lassen sich nicht so leicht aufwirbeln.

Der Nachteil besteht darin, dass der feine Staub bei jedem Flügelschlag aufgewirbelt wird. Bei vielen Anbietern kann oft nicht ausgeschlossen werden, dass der Sand frei von Attapulgit oder Sepiolith ist. Diese Bandsilicate stehen im Verdacht, krebserregend zu sein.

Buchenholzgranulat

Grobes Holzgranulat hat sich ebenfalls in der Vogelhaltung durchgesetzt. Die Buchenholzchips wirbeln nicht durch das Zimmer, binden Kot und Spelzen, leisten auch in Wühlkisten gute Dienste und können von den Wellensittichen durch die Gegend geworfen werden. Allerdings sollte man bei Buchenholzgranulat darauf achten, dass es nicht feucht wird und schimmelt, denn Pilzsporen sind gesundheitsschädlich. Im Gegensatz zu Sand wird ein Vielfaches an Volumen benötigt, um dieselbe Fläche einzustreuen. Auch wenn man im Holzgranulat die Verunreinigungen weniger gut sieht, muss die Einstreu genauso regelmäßig gewechselt werden. Das ist auf Dauer recht kostspielig.

Papier und Zellulosetücher

Papier und Zellulosetücher eignen sich hervorragend bei kranken oder sich in Quarantäne befindenden Wellensittichen, da man den Kot als Gesundheitsindikator gut überwachen kann. Beide sind staubfrei und daher für Mensch und Tier mit Atemwegserkrankungen geeignet.

Unterschiedliche Einstreu sorgt bei Wellensittichen für Abwechslung und lädt zum Erkunden ein.

Die Einlagen sind ohne großen Aufwand schnell gewechselt und kosten verhältnismäßig wenig. Wer auf dem Käfigboden füttert, sollte die Tücher oder das Papier an den Rändern beschweren, da es sonst bei jedem Flügelschlag aufwirbelt und scheue Wellensittiche davon abhalten könnte, zum Fressen auf dem Boden zu landen. Da Wellensittiche sehr neugierig sind, wird das Papier häufig angeknabbert, daher sollte man auf schadstofffreies Papier achten. Bei den Zellulosetüchern kann es vereinzelt zu Kropfentzündungen kommen, wenn die Tücher auch geschluckt werden. Das Verhalten wird deshalb beobachtet und vorsorglich für ausreichend vogelgerechtes Spielzeug in Käfig und Freiflugzimmer gesorgt.

Rindeneinstreu

Rindeneinstreu sorgt für Abwechslung. Für den Alltag mag es zu voluminös und zu teuer sein, bietet aber die gleichen Vorteile wie das Buchenholzgranulat. Rindeneinstreu ist daher ideal für Futtersuchspiele in Wühlkisten oder in kleineren Käfigen. Leider ist Rindeneinstreu nicht ganz staubfrei, weshalb Menschen und Vögel mit Atemproblemen besser darauf verzichten sollten. Bei Feuchtigkeit bildet sich auch hier schnell Schimmel. Es gibt Situationen, in denen Wellensittiche ein paar Tage keinen Freiflug bekommen können und daher im Käfig beschäftigt werden müssen. Hier sorgt Rindeneinstreu auf der unteren Ebene für Abwechslung.

Mais- oder Hanfgranulat

In der Vogelhaltung kennt man das Mais- oder Hanfgranulat nur wenig. Beide sind saugfähig und nahezu staub- und schimmelsporenfrei. Diese Materialien kann man kompostieren und sie bestehen aus schnell nachwachsenden Rohstoffen. Die Granulate sind bei gleichem Volumen leichter als Buchenholz.
Für Wellensittiche sollte eine grobe Körnung gewählt werden. Preislich sind Mais- oder Hanfgranulat etwas teurer als Buchenholz, aber unter ökologischen und gesundheitlichen Aspekten die beste Wahl.

Holzgranulat verhindert, dass Kot und Spelzen leichter aufgewirbelt werden, da sie durch die Hohlräume fallen.

Vertrauensaufbau und Training

→ Von einem zahmen Wellensittich, der auf die Hand kommt oder sich vertrauensvoll durch das Zimmer tragen lässt, auf der Schulter sitzt und sich gemütlich an den Hals seines Menschen kuschelt, träumen die meisten Vogelhalter. Doch in den meisten Fällen sieht es anders aus: Wochen, Monate oder sogar Jahre können vergehen, bis sich Wellensittiche auf die Hand ihrer Besitzer trauen. Sei nicht enttäuscht, wenn deine Vögel anfangs noch sehr scheu sind. Das ist ein ganz normales Verhalten! Schließlich rettet eine gesunde Portion Vorsicht einem Fluchttier in freier Wildbahn oft das Leben. Damit unsere gefiederten Mitbewohner ihre Skepsis überwinden und zu uns kommen, müssen wir Vertrauen aufbauen. Die folgenden Tipps helfen dir dabei!

Selbstvertrauen stärken

Je mehr Wellensittiche kennenlernen, desto mutiger sind sie. Ein Vogel, der vor jeder kleinsten Veränderung in seinem Umfeld Angst hat, wird auch dem Menschen nicht vertrauen.
Es gibt Vögel, die von Natur aus neugieriger und entdeckungsfreudiger sind als andere Individuen. Eine gute Möglichkeit, das Selbstvertrauen der Tiere zu stärken, sind viele positive Erfahrungen mit neuen Spielzeugen. Spielzeuge, wie Naturäste und Schaukeln aus unterschiedlichen Materialien, Weidenkugeln, Haferbüschel, Korkröhren oder Balsaholzketten beschäftigen nicht nur die gefiederten Mitbewohner, sondern fördern bei regelmäßigem Wechsel auch den Drang, Neues zu entdecken. Am Anfang mag sich die Neugier nur auf Spielzeuge konzentrieren, später aber wird sie auch auf den Menschen übertragen.

Erste Annährungsversuche

Halte einen Abstand bei den ersten Annährungsversuchen ein, bei dem sich die Tiere noch frei und ungestört im Käfig und Zimmer bewegen. Ein Indikator ist die Köperhaltung und das Gefieder: Sitzen die Wellis aufrecht, spreizen sie ihre Flügel ab und das Gefieder liegt eng an? Dann geh wieder auf Distanz! Nach und nach kannst du den Abstand verringern, bis die Vögel selbst dann noch gelassen bleiben, wenn du direkt vor ihnen stehst.

In Sichtweite In der Kennenlernphase solltest du dich viel in Sichtweite aufhalten, leise mit den Wellis sprechen oder anderen ruhigen Tätigkeiten nachgehen.

Leckerchen Im nächsten Schritt kann man mit Hirse oder anderen Leckereien versuchen, Kontakt aufzunehmen. Bei ängstlichen Wellensittichen startet man die ersten Annährungsversuche am besten durch die Gitterstäbe. Kommen die Wellis freiwillig ans Gitter und fressen entspannt die leckeren Mitbringsel, kannst du damit beginnen, auch im Freiflug deine Tiere aus der Hand zu füttern. Gib den Vögeln Zeit, von sich aus zu kommen, und sei geduldig.

Das Lieblingsleckerli wird gerne aus der Hand gefressen. Vom Finger aus kommt man noch besser ran.

Do!

Wellensittiche brauchen eine ruhige und übersichtliche Umgebung, um sich wohlzufühlen und zu entspannen. Bei den kleinen Übungs- und Trainingseinheiten sollte daher auf Ablenkungen verzichtet werden.

Langsames Herantasten an den Snack auf Augenhöhe des Menschen und mit dem sicheren Käfig im Rücken.

Viele kleine Schritte

Es kann unterschiedlich lange dauern, bis Wellensittiche einem ihr Vertrauen schenken. Durch einen konstant ruhigen Umgang mit den Tieren und vielen kleinen Übungseinheiten über den Tag verteilt, erreichst du mehr, als wenn du dich nur ein- bis zweimal wöchentlich mit ihnen beschäftigst. Zudem helfen Rituale dabei, dass diese Vögel im täglichen Umgang gelassen bleiben. Feste Fütterungszeiten, gleiche Abläufe beim Reinigen (zum Beispiel immer von oben nach unten und von links nach rechts putzen) sowie geregelte Schlaf- und Ruhezeiten sorgen für entspannte Tiere. Je berechenbarer der Mensch für die Vögel ist, desto schneller vertrauen sie ihm!

So nicht!

Es gibt leider immer noch Vogelhalter, die (erst einmal) nur einen Wellensittich bei sich einziehen lassen, weil sie glauben, dass er in Einzelhaltung schneller zahm wird. Auch die Vögel erst dann aus dem Käfig lassen zu wollen, wenn sie „zahm" sind, oder durch Futterentzug gefügig zu machen, ist tierschutzwidrig! Wellensittiche brauchen immer Artgenossen, Freiflug und Bewegung sowie ihre Basisration Körnerfutter und zwar bedingungslos! Mit Druck und Zwang solltest du deinen Vögeln niemals begegnen.

Das Vertrauen ist da und das Basilikumblatt ist zu verlockend. Der Welli kommt auf die Hand geflogen.

002

Wellensittiche zähmen in fünf Schritten
Im Film wird gezeigt, wie du das Vertrauen deiner Wellis gewinnst.

Spielzeuge und Materialien

→ In allen erdenklichen Farben und Formen findet man Spiel- und Beschäftigungsmöglichkeiten für Wellensittiche, sodass man als Vogelhalter die Qual der Wahl hat. Schnell ist etwas gekauft, und zu Hause stellt man fest: Die Wellensittiche beschäftigen sich nicht damit! Lass ihnen ein bisschen Zeit.

Keine Langeweile

Spielzeug ist wichtig, denn bei Wohnungsvögeln herrscht schnell Langeweile! Das führt wiederum zu einer Vielzahl von Problemen. Lautes Schreien, Beißen und das Zerstören von Einrichtungsgegenständen und der Tapete sind noch die harmlosesten Dinge. Bekommen Wellensittiche nicht genug Anreize, kann dies auch gesundheitliche Folgen haben. Gelangweilte Tiere neigen zur Verfettung, was die Organe stark belastet, und zum übermäßigen Putzen der eigenen Federn oder der des Partners. Kahl gerupfte Vögel sind das traurige Ergebnis! Geeignetes Spielzeug ist also ein Muss, um Wohnungsvögel sinnvoll zu beschäftigen. Dabei ist es dir überlassen, ob du das Spielzeug kaufst oder selbst bastelst. Wichtig sind die Materialien, die deine Wellensittiche zum Spielen animieren sollen!

Kork ist bei Weibchen beliebt. Korkstücke sind besser als Röhren, um keine Brutstimmung auszulösen.

Kork

Kork eignet sich hervorragend zum Schreddern. Das weiche, nachgiebige Material ist ideal für die kleinen Schnäbel und die Rinde des Korkbaums ist ein naturbelassenes Produkt und frei von Farbstoffen. Kleineren Korkbruch zum Basteln von Knabberketten bekommst du schon für einen schmalen Taler.

Balsaholz

Balsaholz ist ein sehr leichtes und einfach zu verarbeitendes Holz des Balsabaums. Für Wellensittichschnäbel ist Balsa daher perfekt zum Zerschreddern. Das Material kann auch ohne besondere Werkzeuge bearbeitet werden. Möchtest du das Balsaholz einer Knabberkette hinzufügen, benötigst du nur einen

Weidenäste sind biegsam und können als Kugeln, Ringe, Körbe oder schmale Röhren angeboten werden.

Lederschnüre sind besser als Baumwollfäden. Diese können verschluckt werden und sammeln sich im Kropf.

Schraubenzieher, mit dem du ein kleines Loch in das Holz bohrst. Für mutige und spielzeugerfahrene Wellis kann man das Balsaholz auch mit Lebensmittelfarbe einfärben. Bei ängstlichen Tieren belässt man es lieber in seiner Naturfarbe.

Weide

Weidenäste sind lang und dünn. Sie werden häufig zu kleinen Körben oder Kugeln verflochten und dann mit Papier oder Haferstroh gefüllt. Wellensittiche lieben es, die dünnen Ästchen zu zernagen, um an das Innere zu gelangen. Brauchen deine Wellensittiche noch etwas Extramotivation? Dann befülle die Weidenkugel mit Hirse und mache ein attraktives Futtersuchspielzeug daraus!

Papier und Pappe

Aus unbedruckter Pappe oder Kartonpapier kannst du alle erdenklichen Formen ausschneiden und auf eine Edelstahlkette auffädeln. Suchen deine Wellensittiche in einer Wühlkiste lieber nach Leckereien? Dann zerknülle buntes oder weißes Papier zu kleinen Kugeln. Deine Wellis werden viel Spaß dabei haben, die Papierkügelchen durch die Gegend zu werfen!

Worauf du bei Spielzeugen achten solltest!

- Alle Vogelspielzeuge sollten keine losen, langen Schnüre oder Schlaufen haben, da sich die Wellensittiche darin verheddern und strangulieren können. Schneide sie gegebenenfalls einfach ab.
- Achte auf giftige Materialien (zum Beispiel Lacke, ungeeignete Farben, Zink, Gerbsäuren etc.). Diese dürfen nicht genutzt werden!
- Nicht nur Futter, sondern auch Spielzeug muss man richtig lagern. Ist es feucht geworden und riecht muffig, könnte dies ein Hinweis auf Schimmelbildung sein. Wirf es weg und verwende neues Spielzeug.
- Das Spielzeug muss täglich gereinigt werden, damit es hygienisch bleibt.
- Spielzeug sollte man täglich auf Sicherheit kontrollieren. Mit einem kurzen Blick morgens und abends versicherst du dich, dass sich keine Fäden gelöst, Schlaufen gebildet oder Ketten geöffnet haben.

Intelligenz- & Geschicklichkeitsspiele

Clickertraining

Bei Hunden, Katzen und Pferden hast du sicher schon mal vom Clickertraining gehört. Um die Kommunikation zwischen Mensch und Tier zu erleichtern, ertönt ein Signal, das dem Tier ein „Das hast du gut gemacht!" signalisiert. Auch bei Wellensittichen funktioniert die Konditionierung auf ein akustisches Signal. Übe immer nur mit einem Vogel, um dich auf seine individuelle Lerngeschwindigkeit einzulassen. Der Wellensittich muss dazu nicht vom Schwarm getrennt werden.

Du brauchst:

- einen Softclicker
- einen Holzstab (circa 30 cm lang)

So funktioniert es:

1. Im ersten Schritt gewöhnst du den Wellensittich an ein akustisches Signal. Dazu klickst du einmal mit dem Clicker und reichst dem Vogel unmittelbar danach ein Leckerli, das er gerne mag. Wiederhole das mehrmals täglich über einen Zeitraum von ein paar Tagen. Die Konditionierung ist erfolgreich, wenn du merkst, dass dein Wellensittich nach dem Click die Belohnung sucht.
2. Jetzt kannst du den Holzstab (Target Stick) in das Training integrieren. Halte deinem Wellensittich den Stab hin. Berührt er ihn – auch zufällig – mit dem Schnabel, folgen Click und Belohnung. Auch das wiederhole; Wellis verstehen sehr schnell den Zusammenhang: Stab berühren – Click – Belohnung!
3. Die Grundlagen für das Training sind nun geschaffen und die erste Übung beginnt. Du möchtest, dass dein Vogel dem Target Stick folgt. Halte ihm den Stab nicht direkt vor den Schnabel, sondern lass ihn einen oder zwei Schritte auf dich zukommen oder zur Seite gehen. Das trainierst du so lange, bis dein Tier dem Stab sicher folgt.
4. Mithilfe des Clickertrainings und des Target Sticks kannst du Wellensittichen Kunststücke beibringen, indem sie sich auf dem Ast umdrehen, auf einen gegenüberliegenden Zweig fliegen oder dem Target Stick sicher und vor allem stressfrei in eine Transportbox folgen.

Geschicklichkeitsübungen

Du kannst in dein Clickertraining zum Beispiel eine Wippe einbinden. Sind die Wellis gut auf den Target Stick konditioniert, werden sie ihm über die Wippe folgen. Die ersten Male werden sie reflexartig losfliegen, aber mit der Zeit haben sie Spaß an solchen Übungen. Mithilfe des Holzstabs kannst du die Wellis auch mit der Transportbox vertraut machen. Ein gutes Training für das Gleichgewicht und die Muskulatur sind sehr dünne, freischwingende Äste. Hierbei die Balance zu halten, ist auch für erfahrene Wellensittiche nicht einfach. Wenn an einem solchen Zweig noch ein leckeres Büschel Haferähren wartet, ist der Anreiz groß. Dann wird das schaukelnde Leckerli angeflogen und mit Krallen und Schnabel bearbeitet.

< Dünne Äste sind ideal, um die Geschicklichkeit zu erhalten.

∨ Die Logik hinter mancher akrobatischer Leistung unserer Wellis muss man als Mensch nicht verstehen.

Ist die Angst erst einmal überwunden, laufen Wellis auch ohne Clickertraining gerne über die Wippe.

Do!

Das Training sollte regelmäßig stattfinden, sich immer nach dem Tempo des jeweiligen Vogels richten und pro Trainingseinheit fünf Minuten nicht überschreiten.

Wasserspiele und Abkühlung

→ Wellensittiche lieben es zu baden. Neben der Abwechslung im Alltag bieten Wasserspiele an heißen Tagen Abkühlung und pflegen das Gefieder. Das kühle Nass kann in unterschiedlicher Form angeboten werden. Wellensittiche sind Individualisten und jeder bevorzugt ein Bad auf andere Weise. Die klassischen Badehäuschen sind für Wellensittiche häufig zu klein und beklemmend. Außerdem lassen sich die Plastikhäuschen schlecht reinigen.

Große Untersetzer

Viele Wellensittiche lieben das nasse Element und genießen es, zu baden. Am besten nimmt man einen großen, glasierten Tonuntersetzer mit mindestens 30 cm Durchmesser und einem flachen, breiten Rand. Was auf den ersten Blick lieblos wirkt, hat jedoch Vorteile: Erstens lassen sich Tonschalen gründlich reinigen und zweitens haben Wellis dort viel Platz, um beim Plantschen mit den Flügeln zu schlagen.

Ein frei hängendes, nasses Bündel Möhrengrün lädt Wellensittiche zum Spielen und Baden ein.

Von der Sitzgelegenheit aus ist das frische Grün auch für weniger aktive oder eingeschränkte Wellis erreichbar.

Viel Platz sowie Wasser von oben und von unten ist für wasseraffine Wellensittiche ein Traum.

Nasse Kräuterbüschel

Es gibt Wellensittiche, die sich nicht so sehr für Wasser „von unten" begeistern können, dennoch kann man auch ihnen an heißen Tagen eine erfrischende Abkühlung anbieten. Am besten eignet sich ein großer Strauß Möhrengrün, der vorher kräftig mit Wasser abgespült wurde. Damit reinigt man nicht nur das Kraut, sondern gibt seinen Wellensittichen die Möglichkeit, im nassen Grün zu spielen, auf diese Weise ihr Gefieder zu pflegen und sich abzukühlen. Werden dem Möhrengrünsträußchen noch einige Stängel Basilikum und halbreife Gräser beigefügt, deckt man auch gleich die tägliche Frischkostration ab.

Wellensittichdusche

Einige Wellensittiche lieben es, sich das Wasser über den Körper rinnen zu lassen. Die anspruchsvollen Genießer fordern ihre Halter ganz schön, aber wenn man erst mal eine Wellidusche gebaut hat, ist es eine Freude, seinen Vögeln beim Spielen unter dem Wasserstrahl zuzuschauen. Auf der nächsten Doppelseite liest du, wie du sie bauen kannst.

Mein Tipp

Wem reines Wasser zu langweilig ist, kann Gurkenscheiben oder einzelne Basilikumblätter als Badezusatz hinzufügen. Das Herausangeln der grünen Leckerbissen ist ganz schön kniffelig und beschäftigt deine Wellensittiche über einen langen Zeitraum.

Wellensittich-dusche

selber bauen

Do!

Um einer Verkeimung vorzubeugen, sollten die Teile nach jeder Benutzung gereinigt werden und 48 Stunden durchtrocknen. Das Schlauchstück ersetzt man regelmäßig durch ein neues Stück!

Das brauchst du:

Aus dem Baumarkt oder der Zoohandlung

1 eine kleine Tauchpumpe aus der Aquaristik

2 einen passenden Schlauch

3 Eckverbindung und Duschkopf

4 einen Stock und ein paar kurze Stöckchen

5 einen tiefen Untersetzer oder eine Box

6 einen Deckel oder ein Brettchen im Format der Box

7 eine Tischunterlage

So wird's gemacht:

Den Schlauch kürzt man auf die gewünschte Länge und steckt ihn auf die Tauchpumpe. Beides wird in die Box gesetzt und mit Wasser aufgefüllt, sodass sich die Pumpe im laufenden Betrieb immer unter Wasser befindet. Als nächstes schneidet man einen Deckel oder ein Brettchen so zu, dass die Wellensittiche nicht in das tiefe Wasser fallen können. Anschließend wird der Schlauch durch ein Loch in der Abdeckung gezogen und mit den Stöckchen in Position gebogen, damit der Wasserstrahl nicht über den Rand spritzt. Das Kabel der Tauchpumpe wird mit einem Kabelkanal vor den neugierigen Schnäbeln der Vögel geschützt. Eine Tischunterlage ist nicht zwingend notwendig, verhindert jedoch Wasserschäden auf dem Mobiliar.

Alternative Der Schlauch kann auch als Bogen durch das Brett gefädelt werden (dafür bohrt man zwei Löcher) und wird dann an der Unterseite mit einem spitzen Gegenstand mit kleinen Löchern versehen, durch die das Wasser in einem feinen Strahl herauskommt.

für Kids

Einfache Ideen

zum Selbstbasteln

Spießchen

Weidenring

Wühlkiste

Spielsachen mit Fun-Faktor! Bei den Spielzeugen steht nicht die Optik im Vordergrund, sondern der Fun-Faktor beim Schreddern.

Futterspießchen

Das brauchst du Einen Edelstahlspieß, Gurke, Karotte, Paprika, Fenchel, Basilikum

So wird's gemacht Schneide das Gemüse in Stücke und stecke es auf den Spieß auf. Nun kannst du den leckeren Gemüsespieß in den Käfig oder an den Vogelspielplatz hängen. Worauf stürzen sich deine Wellis zuerst?

Weidenring

Das brauchst du Dünne Ruten von Weide, wildem Wein oder Haselnuss, eine große Schüssel Wasser, einen kurzen Bindfaden oder einen Edelstahlhaken

So wird's gemacht Lege die Ruten über Nacht ins Wasser, damit sie weich und biegsam werden. Lassen sie sich ohne zu brechen in eine runde Form bringen, kannst du mit der ersten Rute die Kranzgröße festlegen. Nimm dann versetzt immer eine Rute hinzu und verflechte sie mit den bereits vorhandenen, bis ein dicker Kranz entsteht. Zum Schluss fehlt noch eine Befestigung und schon können deine Wellensittiche schaukeln. Dekoriere ihn mit feiner Silberrispenhirse und bunten Papierstreifen!

Schredderkette

Das brauchst du Einen Edelstahlspieß oder eine Kette zum Auffädeln, Balsaholz, Korkstücke, Pappe, einen Kreuzschraubenzieher

So wird's gemacht Balsaholz- und Korkbruch erhält man online für wenig Geld. Balsaholz und Kork sind so weich, dass du sie per Hand mit einem Kreuzschraubenzieher durchbohren kannst. Die Papier- und Pappstücke kannst du in beliebige Formen schneiden, ebenfalls mit einem Loch versehen und im Wechsel mit den anderen Materialien auffädeln.

Wühlkiste

Das brauchst du Einen großen Untersetzer, Papageiensand, Buchenholzgranulat, Korkstückchen, Rinde, Hirse

So wird's gemacht Der Untersetzer wird je zur Hälfte mit Papageiensand und Buchenholzgranulat gefüllt. Darauf kannst du Korkstücke, Äste, Weidenkugeln, Papierkügelchen oder andere natürliche Materialien verteilen. Dann versteckst du in der Wühlkiste einzelne Trauben der Kolbenhirse, nach denen deine Wellensittiche suchen dürfen.

Nachwuchs bei Wellensittichen

→ Schwarze Kulleraugen, tapsiger Gang und plüschiges Gefieder: Wellensittichküken sind einfach goldig und es gibt kaum einen Wellensittichhalter, der bei diesem Anblick nicht dahinschmilzt. Bei vielen Haltern besteht daher der Wunsch, selbst einmal kleine Küken zu haben. Doch ist das wirklich eine gute Idee?

Kritische Gedanken zur Zucht

Der Wunsch nach eigenen Küken ist verständlich, dennoch solltest du dir vorher ein paar selbstkritische Fragen stellen: Erhoffst du dir dadurch zahmere Wellensittiche oder findest du es spannend zu sehen, wie aus einem Ei neues Leben entsteht? Hast du das Wissen und die Zeit, um im Notfall Küken per Hand zu füttern, wenn diese nicht von ihren Eltern versorgt werden? Und was passiert mit den Küken, wenn sie ausgewachsen sind? Hast du den Platz, die Zeit und das Geld, die Nachzucht zu behalten? Als Einsteiger sollte man seine Wellensittiche davon abhalten, Nachwuchs zu bekommen, denn die Zucht birgt viele gesundheitliche Gefahren für das Muttertier und die Küken: Legenot, Kloakenvorfall, Windeier, Mineralmangel, behinderte oder tote Küken, Spreizbeinchen, aber auch Verhaltensstörungen wie aggressive Hennen, die ihre Küken töten oder Gelege anderer Hennen zerstören. Als Einsteiger ist man zu unerfahren, um Probleme rechtzeitig zu erkennen und den Vögeln im Notfall zu helfen!

Während der Brut wird das Weibchen im Nistkasten vom Männchen mit Futter versorgt.

Nachwuchs verhindern

Wellensittiche sind opportunistische Höhlenbrüter. Das bedeutet, dass sie ganzjährig in der Lage sind, unter günstigen Bedingungen Nachwuchs zu bekommen. „Günstige Bedingungen" sind leider nicht gleichbedeutend mit Sauberkeit, guter Haltung, hochwertigem Futter und erfahrenen Haltern, sondern mit dem Angebot an Nistmöglichkeiten. Das bedeutet für dich: Lass deine Wellensittiche erst gar nicht brüten! Bringe keine Nistkästen an und verhindere, dass sie sich im Zimmer Alternativen in Bücherregalen, Schränken oder dunklen Ecken suchen. Ohne einen Nistkasten kannst du problemlos Pärchen zusammen halten.

Die Geschwister schlüpfen im Abstand von zwei Tagen und wärmen sich gegenseitig.

Die Gefiederfarben sind drei Wochen nach dem Schlupf zu erkennen. Die meisten Kiele sind noch geschlossen.

Vom Ei zum Küken

Auch wenn man nicht züchtet, sollte man als Wellensittichhalter ein paar Fakten zur Entwicklung eines Wellensittichs kennen.

Eier Wellensittiche legen pro Brut circa vier bis sechs Eier. Diese werden in einem Abstand von ein bis zwei Tagen gelegt.

Schlupf Nach 18 Tagen schlüpft das erste Küken; seine Geschwister folgen im Abstand von jeweils zwei Tagen. Wellensittiche sind Nesthocker und kommen nackt und mit geschlossenen Augen zur Welt. Sie werden mit einem vorverdauten Körnergemisch aus dem Kropf der Elterntiere gefüttert.

Nach rund einer Woche Nun öffnen die Küken ihre Augen und erste Daunenfedern und Federkiele sind zu sehen.

Nach zwei Wochen Jetzt werden die Küken aktiver, erkunden ihren Nistkasten und kraulen sich gegenseitig.

Drei Wochen nach dem Schlupf ist das Gefieder schon so weit ausgebildet, dass der Farbschlag zu erkennen ist und das Küken überall Federn hat.

Nach circa vier Wochen verlassen Wellensittichküken das Nest und werden flügge. Ihr Gefieder ist nun weitestgehend ausgebildet. Die ersten Flug- und Landeversuche klappen noch nicht richtig, aber innerhalb von einer Woche werden sie geschickter. Auch wenn Wellensittiche das Nest schon verlassen haben, werden sie noch von den Eltern (zu-) gefüttert, bis sie vollständig futterfest sind.

Geschlechtsreife Mit vier bis sechs Monaten kommen Wellensittiche in die Jungmauser und werden geschlechtsreif. Nach der Mauser wird ihr Gefieder kräftiger in der Farbe und bei Farbschlägen mit der charakteristischen Wellenzeichnung tritt diese an der Stirn zurück bis an den Oberkopf.

Don't

Kaufe niemals Wellensittiche, die jünger als zehn Wochen sind! Die Jungtiere brauchen ihre Eltern zwar ab der fünften Woche immer weniger, aber neben dem Aspekt der Futterfestigkeit, spielen Sozialverhalten und der Kontakt mit den Eltern und Geschwistern noch eine große Rolle. Eine Schwarzverfärbung der vorderen Spitze des Schnabelhorns, mangelnde Flugkoordination und ein noch nicht vollständig ausgebildetes Gefieder sind Anzeichen dafür, dass der Vogel für die Abgabe noch zu jung ist.

Alte oder gehandicapte Wellis

→ Bei Wellensittichen kann es alters- oder krankheitsbedingt sowie durch Unfälle oder Geburtsfehler zu körperlichen Behinderungen kommen. Vorbei sind glücklicherweise die Zeiten, in denen gehandicapte Wellensittiche eingeschläfert wurden. Mit den heutigen Behandlungsmöglichkeiten und dem Wissen über die Haltungsansprüche gehandicapter Vögel kann man eingeschränkten Wellis ein gutes und tiergerechtes Leben ermöglichen.

Barrierefreie Käfig- und Zimmergestaltung

Nicht nur jeder Freiflugbereich ist anders, sondern auch jede Behinderung schränkt den betroffenen Wellensittich unterschiedlich ein. Daher seien hier nur ein paar Ideen zur Einrichtung beschrieben. Mit kreativen Einrichtungsideen können Käfige und sogar ganze Zimmer zu Spielparadiesen umgebaut werden, damit auch körperlich eingeschränkte Tiere aktiv am Schwarmleben teilnehmen können.

Für flugbehinderte Wellensittiche

Der Verlust der Flugfähigkeit kann schleichend oder durch einen Unfall kommen. Während unfallbedingt sofort die Einrichtung angepasst werden muss, sollte man bei schleichenden körperlichen Einschränkungen darauf achten, dass der Zeitpunkt nicht verpasst wird, an dem sich das Tier durch Panikflüge oder schwere Stürze aus größerer Höhe in Gefahr bringt. Bei festen Paaren, bei denen einer von beiden mit einer zunehmenden Behinderung zu kämpfen hat, ist Kreativität seitens des Halters gefragt, damit sowohl Flieger als auch Nichtflieger ein möglichst tiergerechtes Leben haben. Im Käfig gilt es, mehr Stangen mit kleinerem Abstand anzubringen und durch Bretter und Brücken Zwischenebenen zu schaffen, die die Fallhöhe reduzieren. Ist der flugunfähige Wellensittich ein guter Kletterer und ist schon an seine Flugunfähigkeit gewöhnt, kann man auch im Freiflugbereich mit einer Kletterwand für Abwechslung und Bewegung sorgen. Achte darauf, dass die Wand eher horizontal gebaut wird. Außerdem sollte der Bereich um den Käfig und die Kletterwand gepolstert sein, um eventuelle Stürze abzufangen.

Für gehbehinderte Wellensittiche

Anders verhält es sich bei gehbehinderten Wellensittichen. Hier entfällt die aufwendige Polsterung des Bodens, da alle Bereiche

Do!

Denke an eine Leiter, ein Gitter oder ein Spiralseil, damit der Wellensittich nach einem Sturz wieder selbstständig zum Käfig zurückkehren kann.

Je nach Handicap brauchen die Wellensittiche eine entsprechend angepasste Käfigeinrichtung.

Für flugunfähige Vögel bieten sich Verbindungsseile im unteren Bereich an, damit sie alles erreichen können.

fliegend erreicht werden können. Je nach Schwere der Behinderung muss man dafür die Sitzstangen entsprechend anpassen. Bei fehlenden Zehen oder der vollständigen Amputation eines Beins ist das gesunde Bein einer lebenslangen Dauerbelastung ausgesetzt. Damit es nicht zu Ballengeschwüren kommt, sollten gepolsterte Sitzstangen und Liegebrettchen aus Kork im Käfig und im Freiflugbereich zur Verfügung stehen. Verwende Sitzstangen aus unterschiedlichen Materialien und Stärken, um die Druckbelastung auf den gesunden Ballen zu verteilen.

Für sehbehinderte Wellensittiche

Das Auge stellt für Vögel das wichtigste Sinnesorgan dar. Dementsprechend schwerwiegend sind Sehstörungen, da sie sich nicht nur auf Sozialleben und Futtersuche auswirken, sondern den Vogel auch stark in seiner Orientierung einschränken. Selten verliert ein Wellensittich schlagartig auf beiden Augen seine Sehfähigkeit, viel häufiger sind schleichende Erblindungen. Die meisten Halter merken die Erblindung an sich nicht, sondern die langsame Verhaltensänderung des Vogels. Gerade wenn man nach einiger Zeit die Käfigeinrichtung verändert, fällt auf, dass der Vogel starke Orientierungsschwierigkeiten hat.

Bei sehbehinderten Wellensittichen muss die Käfigeinrichtung gleich bleiben, damit sie sich orientieren können. Wichtig ist, darauf zu achten, dass der Wellensittich nicht versehentlich aus dem ihm bekannten Käfig herausklettert und dann in Panik durch das Zimmer flattert. Idealerweise hält man einen blinden Wellensittich in Gesellschaft mit einem anderen blinden Artgenossen oder – falls kein geeigneter Partner zur Verfügung steht – mit einem flugunfähigen Vogel, der ebenfalls besser in einem verschlossenen Käfig bleibt.

Behinderungen jeglicher Art dürfen nicht zum Ausschluss aus dem Schwarm führen. Ist man nicht in der Lage, entsprechende Umbauten an der Einrichtung vorzunehmen, sollte man das Tier in einen Handicap-Schwarm geben.

Wissenswertes rund um Abgabewellis

→ Du hast bereits Wellis und möchtest deinen Schwarm aufstocken oder suchst einen Partner für einen älteren Einzelvogel? Dann ist ein Küken oft nicht die richtige Wahl! Im Tierheim, beim vogelkundigen Tierarzt, bei Pflegestellen oder in Vermittlungsforen findest du Wellensittiche jeden Alters, die ein neues Zuhause suchen. Es gibt leider viele Vorurteile, die dazu führen, dass diese Option gar nicht erst in Betracht gezogen wird. Zu Unrecht!

Die fünf häufigsten Vorurteile

1. Wellis aus zweiter Hand sind krank!
Falsch! Wellensittiche aus zweiter Hand werden mit den unterschiedlichsten Begründungen abgegeben, selten aber, weil sie Krankheiten haben. Dennoch sollte man grundsätzlich eine Eingangsuntersuchung beim vogelkundigen Tierarzt machen lassen (siehe Seite 88).

Wellensittiche aus Abgaben können genauso schön, munter, liebenswert und gesund sein wie gekaufte Küken.

Mein Tipp

Wellensittiche sollten vom Alter her nicht zu weit auseinanderliegen. Sind die vorhandenen Vögel älter, schenke einem gleichaltrigen Wellensittich „aus zweiter Hand“ ein neues Zuhause. Das ist eine Win-win-Situation für alle!

2. Wellensittiche aus Abgaben sind alt und leben nicht mehr lange!

Falsch! Leider gibt es sehr viele Wellensittiche, die unüberlegt gekauft wurden. Andere „Klassiker“ sind ungewollte Zuchten, weil man doch mal einen Nistkasten in den Käfig gehängt hat, oder der Kauf für kleine Kinder, die schnell das Interesse an den Vögeln verloren haben. Natürlich gibt es auch andere Abgabefälle. Zum Bespiel, weil sich Menschen wegen gesundheitlicher Probleme von ihren Lieblingen trennen müssen oder weil ein Partnervogel verstorben ist und der übrig gebliebene Wellensittich nicht alleine bleiben soll. Abgabewellensittiche gibt es daher in allen Altersklassen: vom Küken bis zum Senior!

3. Wellensittiche aus zweiter Hand werden nicht mehr zahm!

Falsch! Die Zutraulichkeit eines Wellensittichs liegt nicht am Alter, sondern am Halter ... und an dem individuellen Charakter des Vogels. Mit Ruhe und Geduld lernen selbst ältere Abgabetiere noch kleine Tricks und Übungen. Wusstest du, dass Wellensittichküken nach der Jungmauser ihre „Kükenzahmheit“ verlieren? In jungen Jahren sind Wellensittiche häufig viel ungeduldiger, wilder und beim Training weniger konzentriert als ältere Tiere.

4. Bei Abgabewellensittichen weiß man nicht, woher sie kommen!

Falsch! Wer seinen Wellensittich aus privater Hand übernimmt, sieht sehr wohl, wie das Tier bisher gelebt hat und kann fragen, wie das Verhältnis zum vorherigen Halter war und was die Abgabegründe sind. Bei Tieren aus dem Zoofachhandel ist dies nicht möglich. Für den Handel werden die meisten Tiere massenweise zu kommerziellen Zwecken vermehrt und die Herkunft ist für den Käufer nicht nachzuvollziehen. Natürlich kann auch ein Abgabewellensittich unter solchen Verhältnissen geschlüpft sein. Durch die Zeit beim Vorbesitzer bekommt man in der Regel mehr Informationen über das Tier und über eventuelle Krankheiten als im Zoohandel oder beim Züchter.

5. Abgabewellis gibt es nur im Tierheim!

Falsch! Die Ausrede, dass man einem Abgabetier gerne eine Chance geben würde, das nächste Tierheim allerdings zu weit weg liege, gilt seit Erfindung des Internets nicht mehr. Täglich werden Kleinanzeigen mit neuen Inseraten geflutet. Ein Blick lohnt sich daher immer. Des Weiteren gibt es Vermittlungsforen, über die man per Schutzvertrag Wellensittiche bekommen kann. Wer nicht im Internet nach einem Wellensittich suchen möchte, kann sich an seinen vogelkundigen Tierarzt wenden. Viele Vogelpraxen bieten einen Vermittlungsservice an oder geben Kontakte an Pflegestellen in der Nähe weiter. Der Vorteil bei Vogelpraxen, Pflegestellen und Tierheimen ist, dass die Vögel oft schon vor der Vermittlung tierärztlich untersucht werden und entsprechende Informationen zum Gesundheitszustand vorliegen.

Vergesellschaftung Neuzugänge im Schwarm

→ Neuzugänge kommen aus den unterschiedlichsten Gründen: Nach dem Tod des Partners soll der verbliebene Wellensittich nicht alleine bleiben, ein Fundwelli findet den Weg in dein Zuhause oder aber dich hat das Wellensittichfieber gepackt und du möchtest deinen Schwarm erweitern.

Weitere Wellis ziehen ein

Zieht ein neuer Wellensittich ein, ist die Freude groß. Damit sich der Neuankömmling gut in den bestehenden Schwarm einfügt, sollten einige Vorbereitungen getroffen werden. Achte vor der Aufnahme eines neuen Vogels darauf, dass das Tier vom Alter und Geschlecht her zu deinen Wellensittichen passt. Hast du beispielsweise ältere Tiere, so ist ein wuseliges Jungtier fehl am Platz und am Ende fühlen sich alle unwohl. Auch das Geschlechterverhältnis im Schwarm sollte ausgewogen sein.
Halte deinen Neuzugang vorerst separiert in einem anderen Zimmer und lasse vor der Vergesellschaftung eine Eingangsuntersuchung bei einem vogelkundigen Tierarzt durchführen (siehe Seite 88).

Do!

Besonders bei kleinen Schwärmen aus unter sechs bis acht Wellensittichen ist eine gerade Anzahl und eine Gleichverteilung der Geschlechter wichtig. So kann jeder einen Partner finden, und es gibt weniger Konflikte.

Vergesellschaftung

Die Vergesellschaftung von Wellensittichen ist in der Regel unkompliziert. In freier Wildbahn leben Wellensittiche in großen Schwärmen, die sich je nach Nahrungsangebot zusammenfinden und wieder trennen. In der Regel gibt es keine großen Rangkämpfe, trotzdem kann es zu kleineren Rangeleien kommen.
Um einander kennenzulernen, kannst du den Neuankömmling nach Ablauf der Quarantäne mit seinem Käfig ins Zimmer deiner Vögel stellen. So können sich alle mit etwas Abstand vor dem ersten Freiflug sehen und hören.
Vor der Zusammenführung wird allen Wellis die Vergesellschaftung erleichtert, indem du den alteingesessenen Vögeln ihren „Heimvorteil" nimmst. Gestalte dafür den Käfig und den Freiflugbereich um. Am besten lernen sich alle während des Freiflugs kennen, damit sie bei Konflikten genug Platz haben, um sich aus dem Weg zu gehen. Der beste Zeitpunkt für einen ersten gemeinsamen Freiflug ist am Vormittag. In der Regel hat sich der Neuzugang dem Schwarm schnell angeschlossen und folgt den Wellensittichen abends in ihren Käfig.

Mein Tipp

Neuzugänge kennen sich im Freiflugzimmer noch nicht aus. Wenn man sicher gehen möchte, dass der Vogel sich nachts im Käfig aufhält, sollte die Vergesellschaftung vormittags stattfinden. Ist das nicht möglich, kann man bis zum Abend warten und den neuen Vogel kurz vor der Dunkelheit direkt in den Käfig setzen, wenn die anderen bereits in Schlafstimmung sind.

Gesundheit

Wellensittiche behandeln und versorgen

Besuch beim vogelkundigen Tierarzt

Vorbereitung auf den Termin

Ein Tierarztbesuch bedeutet nicht nur für die Wellensittiche Stress, sondern oft auch für die Halter. Daher ist es sinnvoll, wenn du für den Ernstfall vorbereitet bist. Kaufe schon vor der Anschaffung der Wellensittiche einen sicheren Transportkäfig. Teste, ob sich das Türchen durch Druck öffnen lässt oder die Transportbox anderweitig instabil ist, denn wir wollen nicht, dass die Vögel auf dem Weg zum Tierarzt entfliegen.

Transportboxen

Pro Box sollte nur ein Wellensittich transportiert werden. Selbst Pärchen, die unter normalen Umständen sehr liebevoll miteinander umgehen, können durch den Stress gereizt reagieren und einander verletzen. Nimm eine möglichst kleine und gut einsehbare Transportbox. Zum einen verhindert es wildes Geflatter und vermindert somit Verletzungen, zum anderen erleichtert es dem Tierarzt das Handling.

Einfangen

Eine unliebsame Aufgabe ist das Einfangen. Auch wenn das Fangen für die Vögel immer enormen Stress bedeutet, solltest du es vorher schon einmal geübt haben. Unter Zeitdruck oder bei akuten Verletzungen gelingt es dir sonst möglicherweise nicht.

Der vogelkundige Tierarzt

Der Begriff „vogelkundiger Tierarzt" sorgt bei Einsteigern oft für Verwirrung. Unter einem vogelkundigen Tierarzt versteht man einen spezialisierten Fachtierarzt für Geflügel und Ziervögel oder einen Tierarzt mit der Zusatzbezeichnung Zier-, Zoo- und Wildvögel. Ein normaler Kleintierarzt, der neben Hund, Katze, Maus auch Wellensittiche oder andere kleine Vögel behandelt, ist kein vogelkundiger Tierarzt. Im allgemeinen Veterinärmedizinstudium wird der Bereich Vogelmedizin nur unzureichend behandelt.
Auch wenn dein Kleintierarzt in der Nähe bei kleineren Dingen wie Krallenschneiden immer gute Arbeit leistet, solltest du dir eine Vogelpraxis oder -klinik für den Ernstfall suchen! Denn nur ein spezialisierter vogelkundiger Tierarzt hat das Wissen, die Geräte und Medikamente, die er für die Behandlung von Vögeln braucht.

Mein Tipp

Im Käfig klappt das Einfangen am besten. Im abgedunkelten Raum können Wellensittiche schlecht sehen und lassen sich leicht mit der Hand von der Sitzstange „abpflücken" oder, bei größeren Volieren, mit einem Kescher einfangen.

< Verdunkle das Zimmer und greife deine Wellis von der Sitzgelegenheit – das reduziert Verletzungen durch Panikflüge.

∨ So hält man einen Wellensittich richtig: Er kann dich nicht beißen und seine Atmungsorgane bleiben frei.

Eine kleine Transportbox reduziert das Verletzungsrisiko und der Tierarzt kann den Welli vorab ansehen.

Eingangsuntersuchung und Quarantäne

Eingangsuntersuchungen

Eingangsuntersuchungen sind wichtig, unabhängig davon, ob man sich Wellensittiche neu zugelegt hat oder Vögel in einen vorhandenen Schwarm integrieren möchte. Viele Krankheiten sind nicht mit bloßem Auge zu erkennen, sondern nur unter einem Mikroskop oder als Kultur im Labor. Als Fluchttiere sind Wellensittiche Meister darin, ihre Krankheiten und das damit verbundene Unwohlsein lange zu verbergen. Der vogelkundige Tierarzt wird bei einer Eingangsuntersuchung als Erstes durch Abtasten des Vogelkörpers und einer Sichtkontrolle der Federn den Allgemeinzustand beurteilen. Auch das Wiegen gehört dazu. Die Untersuchung eines Kropfabstrichs und einer Kotprobe gibt Aufschluss über mögliche bakterielle Erkrankungen, Pilze oder Wurmbefall. Eine einmalige prophylaktische Gabe von Präparaten gegen Milben, Trichomonaden und Würmer kostet nicht viel und verhindert eine Weitergabe von Parasiten an Schwarmmitglieder.

003 **Vogelkundige Tierärzte & Eingangsuntersuchungen:** Im Film wird erklärt, worauf du achten solltest.

Gewichtsveränderungen sind ein wichtiger Indikator: Krankheiten lassen sich so schneller erkennen.

Ist der Quarantänekäfig spärlich eingerichtet, lässt sich der Welli für die Medikamentengabe leichter fangen.

Geschlossene Augen und aufgestelltes Gefieder sind ein Krankheitsanzeichen. Dieser Welli schüttelt sich nur.

Quarantäne

Die Quarantäne stellt eine vorübergehende Isolierung von neuen oder kranken Wellensittichen dar, die von einer ansteckenden Krankheit befallen sind oder bei denen Verdacht darauf besteht. Sie gilt als vorbeugende Maßnahme, um die Verbreitung von Krankheiten zu verhindern. Die Quarantänedauer beträgt im Anschluss an die Eingangsuntersuchung meistens 14 Tage. Sprich dich mit deinem vogelkundigen Tierarzt ab.

Da viele Krankheiten über die Luft von Vogel zu Vogel übertragen werden können, ist eine getrennte Unterbringung in verschiedenen Räumen wichtig. Es versteht sich von selbst, dass ein besonderes Augenmerk auf das hygienische Handling gelegt und nach jedem Umgang mit dem separat gehaltenen Wellensittich gründlich die Hände gewaschen werden. Idealerweise hat man während der Versorgung des isolierten Vogels auch Kleidung an, die nicht in Kontakt mit den anderen Wellensittichen kommt. Dies gilt besonders beim Reinigen des Käfigs.

Eine Quarantäne stellt Wellensittichhalter vor einige Probleme. Vor allem, wenn man sich für eine Zweierhaltung entschieden hat und nach dem Tod eines der beiden Tiere einen neuen Wellensittich zu sich nimmt, werden die Quarantänewochen nicht nur für die Tiere lang, sondern auch der Halter leidet.

Die Quarantäne bringt auch einen erhöhten Pflegeaufwand und gewisse Kosten mit sich: So muss neben der hauptsächlich genutzten Voliere zwingend ein Quarantänekäfig gekauft werden. Dieser sollte nicht zu klein sein, um dem Neuankömmling auch ein paar Flügelschläge zu gestatten.

Nicht verwechseln: Während der Quarantänezeit versorgt man zuerst die gesunden Wellensittiche, im Anschluss sind dann die Neuankömmlinge oder erkrankten Tiere an der Reihe!

Mein Tipp

Gute und preiswerte Zweitkäfige findet man in Kleinanzeigen. Mit etwas Geduld bei der Suche kann hier für einen schmalen Taler ein richtig gutes Schnäppchen gemacht werden. Daher empfiehlt es sich, nicht erst nach Ersatzkäfigen zu suchen, wenn man sie wirklich braucht.

Wenn es krabbelt Parasiten

⟶ Parasitärer Befall ist eine der häufigsten Erkrankungen bei Wellensittichen. Die Parasiten sind meistens so klein, dass man sie mit bloßem Auge nicht erkennen kann. Unbehandelt können sie jedoch Wellensittichen schwer schaden. Früh erkannt und fachkundig behandelt, gibt es gute Aussichten auf Heilung. Daher solltest du die am häufigsten vorkommenden Parasiten kennen, um schnell reagieren zu können.

Milben

Allgemeines Wellensittiche können von einer Vielzahl unterschiedlicher Milben befallen werden. Grab- oder Räudemilben kommen am häufigsten vor. Da die Parasiten nur 0,3 x 0,4 mm klein sind, erkennt man die Schäden im Anfangsstadium oft nicht.

Symptome Am Schnabel und an den Krallen sind Bohrgänge der Milben zu erkennen. Das Schnabelhorn wirkt stumpf und porös. Es bilden sich am Horn weißliche Ablagerungen.

Behandlung Auch wenn die Schäden nur lokal zu sehen sind, ist der ganze Vogel befallen. Beim vogelkundigen Tierarzt erhält der Welli ein Spot on-Präparat, das er über die Haut aufnimmt, aber am ganzen Körper wirkt. Kontaktvögel müssen ebenfalls behandelt werden.

---

004 **Milben bei Wellensittichen**
Im Film wird gezeigt, was bei Milbenbefall getan werden muss.

Trichomonaden

Allgemeines Trichomonaden sind kleine Parasiten des Kropfes und der oberen Atemorgane, die mit bloßem Auge nicht zu sehen sind. Die Geißeltierchen werden durch gegenseitiges Füttern und Schnäbeln von Wellensittich zu Wellensittich übertragen. Eine Übertragung über das Trinkwasser spielt ebenfalls eine Rolle, da sie im Wasser bis zu 26 Stunden überleben können. Auch über frisch gesammelte Äste kann man diese Parasiten einschleppen.

Symptome Der betroffene Wellensittich zeigt Schluckbeschwerden und hat Atemnot. Typisch für einen Befall mit Trichomonaden ist ein fischiger Geruch aus dem Schnabel. Häufig ist auch zu beobachten, dass der betroffene Welli Körner würgt.

Don't

Behandle Krankheitssymptome nicht auf eigene Faust! Verliere bei erschöpften und aufgeplusterten Wellensittichen keine Zeit mit Tipps aus dem Internet, sondern suche sofort einen vogelkundigen Tierarzt auf.

Würgt der Vogel mehrmals am Tag schleimige Körner, muss das schnell beim Tierarzt abgeklärt werden.

Häufiges Kratzen kann ein Indikator für eine Erkrankung sein. Das Gefieder wirkt stumpf und struppig.

Ein gesunder Vogel pflegt in den Ruhephasen sein Gefieder. Die Federn sind glänzend und ordentlich.

Behandlung Eine medikamentöse Behandlung aller im Schwarm lebenden Wellensittiche durch einen vogelkundigen Tierarzt ist erforderlich. Außerdem müssen Käfig, Einrichtung und Futternäpfe abgekocht beziehungsweise desinfiziert werden.

Würmer (Nematoden)

Allgemeines Würmer siedeln sich meistens im Darm an und entziehen der aufgenommenen Nahrung Nährstoffe. Die Parasiten scheiden zudem giftige und für den Wellensittich schädliche Stoffwechselprodukte aus, die die Darmwand zerstören. Nematoden kann man sich leider jederzeit über Äste von draußen oder über Frischfutter einfangen.

Symptome Der Wellensittich zeigt allgemeines Unwohlsein, hat Durchfall und verliert an Gewicht.

Behandlung Der vogelkundige Tierarzt wird eine Kotuntersuchung machen. Sammle dazu bereits zu Hause frischen Kot in einem Plastikgefäß ein. Bei Wurmbefall müssen alle Kontaktvögel mitbehandelt werden und auch hier müssen Käfig und Zubehör mit siedendem Wasser abgekocht beziehungsweise desinfiziert werden.

Mein Tipp

Eine regelmäßige tierärztliche Kontrolle bei Wellis, die häufig Gräser und Äste aus der Natur bekommen, wird empfohlen.

Erkrankungen durch Bakterien, Viren & Pilze

⟶ Es gibt viele chronische Erkrankungen, die sehr ansteckend sind. Die Weitergabe erfolgt meistens über die Luft, den Kot, das Futter oder den direkten Kontakt mit anderen Wellensittichen. Bei Neuzugängen sollte daher immer eine Eingangsuntersuchung erfolgen, um die bereits vorhandenen, gesunden Wellensittiche zu schützen. Es versteht sich von selbst, dass eine Weitervermittlung in gesunde Schwärme oder die Zucht mit erkrankten Tieren ausgeschlossen sein sollte.

Aspergillose

Allgemeines Aspergillose ist ein Befall der Atemorgane mit Schimmelpilzen. Da sie selten rechtzeitig erkannt wird, zählt sie zu den häufigsten Todesursachen bei Papageienvögeln.

Symptome Charakteristisch für eine Pilzerkrankung der Luftsäcke ist ein leichtes Knacken in der Atmung. Bei betroffenen Wellis kann man beobachten, dass sie sich mit dem Schnabel am Gitter einhängen und den Hals überstrecken, um besser Luft zu bekommen. Halter bemerken zudem oft eine verschlechterte Flugfähigkeit ihrer Vögel.

Behandlung Beim vogelkundigen Tierarzt wird dein Vogel abgehört und geröntgt. Die weitere Behandlung richtet sich nach dem Befund. Wichtig zu wissen: Auslöser für Aspergillose sind schlechte Raumluft, zu geringe Luftfeuchtigkeit, Fehlernährung und minderwertiges Futter sowie Stress und mangelnder Freiflug.

Macrorhabdiose

Allgemeines Bei Macrorhabdiose handelt es sich um einen Hefepilz. Früher dachte man, es sei ein Bakterium, weshalb die Erkrankung auch heute noch oft als Megabakterien, Megas oder Going-Light-Syndrom bezeichnet wird. Vereinfacht ausgedrückt verhindert der Hefepilz, dass Nahrung richtig verdaut und Nährstoffe aufgenommen werden können.

Symptome Im Anfangsstadium sieht man den erkrankten Vogel häufig am Futternapf sitzen, während er den Rest des Tages teilnahmslos wirkt. Ersichtlich wird die Krankheit erst, wenn der Wellensittich Körner und Schleim erbricht oder unverdaute Körner im Kot ausscheidet.

Fehlende Schwung-, Schwanz- und Steuerfedern sind charakteristisch für PBDF und machen den Welli flugunfähig.

Gerupfte Stellen am Brustgefieder werden entweder durch juckende Pilzerkrankungen oder durch Verhaltensstörungen ausgelöst.

Behandlung Akute Schübe lassen sich medikamentös behandeln. Allerdings bleiben infizierte Wellensittiche immer Träger des Pilzes und geben ihn auch weiter. Bei Neuzugängen oder Weitervermittlungen sollte man dies berücksichtigen.

Circovirus (PBFD) und Polyomavirus (BFD)

Allgemeines PBFD steht für Psittacine Beak and Feather Disease und bedeutet übersetzt „Schnabel- und Federkrankheit", sie wird von Circoviren ausgelöst. Oftmals wird PBFD und Polyoma (aus dem Englischen auch oft BFD – Budgerigar Fledgling Disease abgekürzt) synonym verwendet, da die Krankheitsanzeichen bei Wellensittichen sich sehr ähneln.

Symptome Sowohl Circo- als auch Polyomaviren rufen Gefiederstörungen hervor. Beide Krankheiten äußern sich oft in Form kaputter oder fehlender Federn. Besonders häufig betroffen sind die Schwung- und Schwanzfedern, sodass der Wellensittich nicht mehr fliegen kann. Die Virusverbreitung erfolgt mit dem Kot. Auch über Federn und beim Füttern wird der Virus übertragen.

Behandlung Diese Krankheiten sind nicht heilbar. Halter müssen für ein handicapgerechtes Umfeld sorgen. Betroffene Wellensittiche bleiben Dauerausscheider der Viren. Bei Jungtieren gibt es eine erhöhte Kükensterblichkeit. Infizierte Vögel sollten möglichst keinen Kontakt zu gesunden Artgenossen haben, und mit ihnen darf auf keinen Fall gezüchtet werden.

Schwerer Fall einer viral ausgelösten Gefiederstörung. In fachkundigen Händen hat der Welli trotzdem ein schönes Leben!

Häufige organische Erkrankungen

→ Neben den ansteckenden Krankheiten und dem Befall von Parasiten gibt es noch eine Reihe gesundheitlicher Probleme, die Wellensittiche bekommen können. Einige Krankheiten sind erblich bedingt und Resultat unkontrollierter Vermehrung. Andere Erkrankungen und Infektionen lassen sich durch optimierte Haltungs- und Hygienebedingungen verhindern. Wichtig ist auch hier wieder der rechtzeitige Gang zum vogelkundigen Tierarzt.

Kropfentzündung

Allgemeines Kropfentzündungen entstehen entweder durch Infektionen oder durch Fremdkörper. Letztere kommen bei unseren Wohnungsvögeln besonders häufig vor. Knabbert ein Wellensittich gerne an Stoffen oder Seilen, können sich Fasern im Kropf sammeln und diesen verstopfen.

Dauerhaftes oder übermäßiges Füttern des Partners kann auch Kropfentzündungen auslösen.

Symptome Eine Entzündung des Kropfes äußert sich durch Erbrechen von Körnern und Schleim, der unter Umständen auch übel riechen kann.

Behandlung Infektionen lassen sich medikamentös behandeln. Bei Fremdkörpern kommt der Wellensittich nicht um eine Operation herum. Über den Erfolg einer OP entscheidet meistens der Allgemeinzustand des Vogels. Daher sollte man keine Zeit verlieren und nicht warten, bis das Tier für eine Operation zu geschwächt ist.

Legenot

Allgemeines Legenot besteht, wenn ein Ei nicht gelegt werden kann. Daher kündigt sich Legenot oft ohne Vorwarnung an. Ursache sind häufig Eierschalenveränderungen wie Wind-, Bruch- oder rauschalige Eier. Weitere Gründe sind Veränderungen an Kloake und Eileiter oder Infektionen.

Symptome Unruhe, gefolgt von Phasen der Erschöpfung. Eine wippende Schwanzfeder und eine blutige, oftmals nach außen gestülpte Kloake sind weitere Anzeichen bei Weibchen mit Legenot.

Behandlung Halter sorgen zuerst für Ruhe, Wärme und Feuchtigkeit. Wellensittiche mit Legenot sind sehr schockanfällig. Daher

Fettlipome sind bei Wellensittichen keine Seltenheit, gerade an der Brust.

solltest du sie möglichst stressfrei und vorsichtig einfangen, um sie dann schnellstmöglich zu einem vogelkundigen Tierarzt zu bringen. Um Legenot vorzubeugen, sollte man seine Vögel ausreichend mit Kalzium, Vitamin D_3 und Vitamin A versorgen.

Tumore

Allgemeines Tumore unterscheidet man in gutartig und bösartig. Zu den gutartigen Tumoren gehören zum Beispiel Fettlipome (auch: Fettgeschwulste). Durch gute Fütterung und viel Bewegung lassen sich Lipome oft verhindern. Die bösartigen Tumore können leider viele Organe befallen: Leber, Nieren, Milz und die Geschlechtsorgane, um nur einige zu nennen.

Symptome Schlechter Allgemeinzustand, erschwerte Atmung sowie Verlust der Flug- und Greiffähigkeit in den Ständern sind erste äußerliche Anzeichen für Tumore.

Behandlung Tumore der Organe lassen sich bei Wellensittichen nur auf dem Röntgenbild nachweisen und sind äußerst selten operabel. Leider bleibt im fortgeschrittenen Verlauf nur das Einschläfern, um dem Vogel einen qualvollen Tod zu ersparen.

Ballengeschwüre

Gedrechselte Sitzstangen oder welche mit Sandpapierhüllen können zu schmerzhaften Druckstellen oder Ballengeschwüren führen. Die Behandlung von entzündeten Fußsohlen bei Wellensittichen ist sehr langwierig.

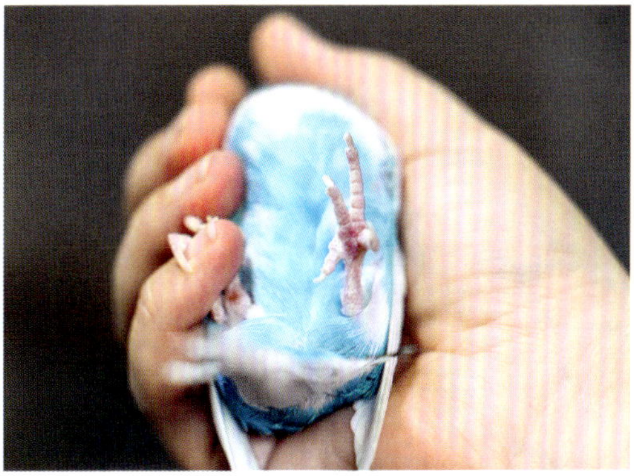

Gerötete und offene Ballen sind schnellstmöglich zu behandeln und Sitzstangen sind temporär zu polstern.

Naturäste in unterschiedlichen Dicken, Seile und Bewegung beugen entzündeten Fußsohlen vor.

Im Notfall Erste Hilfe leisten

Ruhe bewahren

Wenn sich Wellensittiche verletzen und vielleicht sogar bluten, ist die Panik beim Halter in der Regel groß. Die Angst und Nervosität des Menschen überträgt sich leicht auf den Vogel. Daher ist es wichtig, dass man einen Moment innehält, durchatmet und dann ruhig und mit sicheren Bewegungen handelt. Verliere keine Zeit mit dubiosen Tipps aus dem Internet oder eigenem Herumprobieren! Bei akuten Verletzungen muss schnellstmöglich ein Tierarzt aufgesucht werden.

Brüche versorgen

Besteht bei deinem Wellensittich der Verdacht auf einen Knochenbruch, muss schnell gehandelt werden. Fange den Vogel behutsam ein und setze ihn in eine möglichst kleine Box oder Transportschachtel, damit er sich vor Schmerz und Angst nicht noch weiter verletzt. Stelle die Box an einen ruhigen, abgedunkelten Ort, während du dich mit der Tierarztpraxis in Verbindung setzt. Verzichte darauf, gebrochene Ständer oder Flügel in Eigenregie mit Tapes oder Klebestreifen zu verbinden! Häufig erschweren gut gemeinte Verbände dem Tierarzt die Arbeit, wenn er erst einmal die Verbandsreste vom Gefieder lösen muss.

Erste Hilfe beim Anflugtrauma

Vor allem in der Wohnungshaltung kann es schnell zu Anflugtraumata kommen. Nicht nur an ungesicherten Fensterscheiben können sich Wellensittiche schwer verletzen, auch Panikflüge in der Dunkelheit werden Wohnungsvögeln oft zum Verhängnis. Wenn der Schwarm panisch im Zimmer umherfliegt, verletzen sich häufig mehrere Tiere. Versuche

Do!

Halte dir für Notfälle immer die Telefonnummer deiner Vogelpraxis bereit. Zusätzlich sollte man auch eine Liste mit anderen Tierarztpraxen in der Nähe parat haben sowie eine Telefonnummer zu einer 24 h-Tierklinik.

Don't

Vögel mit dem Verdacht auf ein Anflugtrauma dürfen auf keinen Fall gewärmt werden, da die Kollision im Gehirn zu Blutungen oder Schwellungen führen kann. Biete auch kein Futter oder Wasser an, weil Verletzungen und Schock den Schluckreflex einschränken!

Die Transportbox sollte immer griffbereit in Käfignähe stehen, damit man im Notfall keine Zeit verliert.

auch hier ruhig zu bleiben und zu schauen, wie stark die individuellen Verletzungen sind. Setze alle Wellensittiche einzeln in kleine Boxen und stelle diese unbedingt dunkel und kühl. An heißen Tagen kann man einen Kühlakku auf die Transportbox legen.

Blutende Krallen und Federkiele

Blutende Krallen oder Federkiele jagen einem erst einmal einen großen Schrecken ein. In der Regel hören kleinere Verletzungen von selbst auf zu bluten. Stärkere Blutungen kann man mit blutstillender Watte behandeln.
Auch wenn die Blutungen gestoppt sind, empfiehlt es sich, einen vogelkundigen Tierarzt aufzusuchen und den Vogel vorsorglich mit einem Antibiotikum zu behandeln. Da sich Wellensittiche nicht in einem sterilen Umfeld aufhalten, können Infektionen, die über äußerliche Verletzungen eindringen, oft mehr Schaden anrichten, als die Verletzung selbst.

Die Notfallapotheke

Oft kommen Verletzungen und Erkrankungen ohne Vorwarnung. In der Nacht oder am Wochenende ist man als Tierhalter meistens auf sich alleine gestellt und muss Erste Hilfe leisten. Um die Zeit bis zum Tierarztbesuch zu überbrücken, sollte man sich eine kleine Notfallapotheke anschaffen. Es gibt spezielle Bücher über die Notfallversorgung bei Vögeln. Manche vogelkundigen Tierärzte bieten auch Erste-Hilfe-Kurse an.

Das gehört in die Notfallapotheke

- Liste mit Tierärzten in der Nähe (inkl. Telefonnummern und Öffnungszeiten)
- Blutstillende Watte
- Kalzium (flüssig oder als Pulver) bei Legenot
- Handaufzuchtfutter für schwache und erkrankte Wellensittiche (Recovery Formula)
- Kleine Spritze mit Futteraufsatz zum Päppeln
- Keimfutter und Nackthafer als weiches Energiefutter
- Traumeel (ad us. vet.)-Tabletten zur oralen Anwendung

Service

Weitere Infos für dich

Zum Weiterlesen

Birmelin, Immanuel: **Mein Wellensittich.** GU 2008

Bürkle, Marcellus; Kostka, Veit: **Basisversorgung von Vogelpatienten.** Schlütersche, 2009

Castro, Ann: **Die Vogelschule.** Clickertraining für Papageien, Sittiche und andere Vögel. AdIA Papageienhilfe gGmbH, 2021

Niemann, Hildegard: **Spiel- und Wohnideen für Wellensittiche.** GU 2011

Quinten, Doris: **Ziervogelkrankheiten.** Ulmer, 2007

Zum Weiterklicken

Wellensittichhaltung

www.birds-online.de
Informative und übersichtliche Seite über Wellensittiche.

www.welli.net
Die Seite bietet viele Informationen rund um Wellensittiche und hat ein Forum, in dem sich Wellensittichhalter austauschen können.

www.wellensittiche-blog.de
Blog über die Haltung von Wohnungswellis und Handicaps.

www.wellivilla.de
Diese Seite informiert über die Haltung von Wellensittichen in einer Außenvoliere.

Futter und Ausstattung

www.mixerama.de
Hochwertiges Wellensittichfutter mit hohen Grassamen- und Kräuteranteil und Mixer zum Selbermischen aus über 230 Einzelsaaten.

www.ricos-futterkiste.eu
Gutes Wellensittichfutter zum kleinen Preis. Pellets und Vitamine für Wellensittiche.

www.körnerbude.de
Unterschiedliche Futtersorten für Wellensittiche. Schöne Auswahl an welligerechtem Spielzeug.

www.parrotshop.de
Große Auswahl an Käfigen und Volieren und spezialisiert auf Spielzeug für Sittiche und Papageien.

Weiterführende Infos

www.welli.net/tierarzt-liste.html
Nach PLZ werden auf dieser Seite vogelkundige Tierärzte genannt.

www.tasso.net
In Europas größtem Haustierregister kann man seine Vögel registrieren lassen oder suchen, falls einer entfliegt.

www.giftpflanzen.ch
Pflanzendatenbank der Universität Zürich.

Dank

Allen voran möchte ich meinen Eltern danken: Ohne die tägliche Fürsorge meiner Mutter und ohne die Tierarztbesuche mit meinem Vater wäre es den Wellensittichen meiner Kindheit nicht so gut ergangen. Meine Eltern haben mir vorgelebt, dass auch das kleinste Vögelchen einen unermesslichen Wert hat.

Diese Werte und die Liebe zu allen Geschöpfen möchte ich an meine Söhne Cedrik und Aurelius weitergeben. Dieses Buch soll sie daran erinnern.

Von Herzen danke ich Jérôme, der mich seit Jahren bei der Haltung meines Wellensittichschwarms unterstützt, Berge an Vogelsand schleppt, Stunden in Wartezimmern bei Tierärzten verbringt und meine Tränen trocknet, wenn wieder einer der Wellis ins Hirseland fliegt.

Ein Dank geht auch an meine Brüder für ihre Zuverlässigkeit bei der Betreuung meiner Vögel in der Urlaubszeit.

Ohne das Netzwerk an Unterstützern wäre mir die Haltung meiner Wellensittiche über so viele Jahre kaum möglich gewesen.

Ich danke auch den Mitgliedern des Stammtisches der Berliner Wellensittichfreunde für den regelmäßigen Gedankenaustausch sowie allen Vogelhaltern, die ihre Vögel für das Fotoshooting zur Verfügung gestellt haben.

Register

Bildnachweis

77 Farbfotos wurden von Anna Auerbach/Kosmos für dieses Buch aufgenommen.
Weitere Farbfotos von Tatjana Drewka/Kosmos (4: S. 3 o., 15 r., 57, 69 u.), Claudia Sissi Jung (3: S. 67 beide, 68 o.l.), Lisa Rassat-Beck/Kosmos (10: S. 14 u.l., 19/ 1 und 2, 66, 68 o.r., 70 l., 71, 72, 73/3, 94), Alice Rieger (1: S. 63 u.), Hendrik Schacht (4, S. 27, 51, 56, 81), Roland Seitre (2: S. 7 o.l. und o.r.), Shutterstock (18: bonchan 1: S. 73/5, cynoclub 1: S. 73/1, DLU 1: S. 77 l., LFRabanedo 1: S. 53/3, Nattika 2: S. 59/2 und 59/4, New Africa 1: 59/5, Nik Merkulov 1: S. 73/4, Orest lyzhechka 1: S. 55, Papuchalka-kaelaimages 1: S. 7 u., pedphoto 36pm 1: S. 73/2., PrakapenkaAlena 1: S. 76, shiro_ring 1: S. 55/5, S.O.E. 1: S. 55/2, starry sky 1: S. 77 r., Sudhakau Bisen 1: S. 55/4, Villy Yovcheva 1: S. 59/1, xpixel 1: S. 59/3)

Mit 30 Illustrationen von Hanna Wenzel.

Mit vier Filmen in der KOSMOS PLUS App von © Wencke Sabrina Schacht

Impressum

Umschlaggestaltung von GRAMSICI Editorialdesign/Claudia Geffert unter Verwendung eines Farbfotos von istock/LagunaticPhoto (U1) und vier Farbfotos von Anna Auerbach/Kosmos, ein Farbfoto von Hendrik Schacht (Klappe hinten außen) und fünf Illustrationen von Hanna Wenzel/Kosmos

Mit 124 Farbfotos und 35 Farbzeichnungen

Alle Angaben in diesem Buch erfolgen nach bestem Wissen und Gewissen. Sorgfalt bei der Umsetzung ist indes dennoch geboten. Der Verlag und die Autorin übernehmen keinerlei Haftung für Personen-, Sach- oder Vermögensschäden, die aus der Anwendung der vorgestellten Materialien, Methoden oder Informationen entstehen könnten.

Unser gesamtes Programm finden Sie unter **kosmos.de.**
Über Neuigkeiten informieren Sie regelmäßig unsere Newsletter, einfach anmelden unter **kosmos.de/newsletter**

Gedruckt auf chlorfrei gebleichtem Papier

ISBN 978-3-440-17563-7
Redaktion: Alice Rieger
Gestaltungskonzept: GRAMISCI Editorialdesign, Claudia Geffert, München
Gestaltung und Satz: Atelier Krohmer, Dettingen/Erms
Produktion: Nina Renz, Carolin Wacker
Druck und Bindung: Westermann Druck Zwickau GmbH, Zwickau
Printed in Germany / Imprimé en Allemagne

FSC www.fsc.org MIX Papier aus verantwortungsvollen Quellen FSC® C110508